더 마카롱

크리스토프 펠더 지음 | 차은화 옮김

아페리티프에서
미냐디스까지…

코크 사이에 필링을 가득 채운 이 매혹적인 디저트에 프랑스 전체가 매료되고 말았다. 그러니 마카롱의 매력에서 헤어나지 못하는 수많은 이들을 위해 책을 쓰는 일은 내게는 반드시 해내야 할 숙제 같은 것이었다.

마카롱은 기본 레시피만 잘 숙지하면 스위트 마카롱이나 솔티 마카롱, 두 가지 모두를 훌륭하게 만들어낼 수 있다. 좀 더 익숙해지면 여러분은 책에 나와 있지 않은 다양한 재료를 가지고 색다른 마카롱 만들기를 시도해볼 수도 있을 것이다. 다만 100가지가 넘는 수많은 레시피 중 무엇부터 시작할지 정하는 것이 유일한 고민거리가 될지도 모르겠다.

유리 세공사가 유리를 세공하는 것처럼 정성을 다해 형형색색의 마카롱을 만들어 보자. 재료를 잘 선택하고 요리할 때마다 세심함을 기울인다면 지금껏 맛보지 못한 새로운 마카롱의 세계를 경험할 수 있다. 친구들에게 나만의 마카롱을 선물해 보는 건 어떨까? 바삭하고 부드러운 코크와 입 안에서 살살 녹는 필링의 조화를 맛본다면 모두들 감탄을 금치 못할 것이다. 마카롱하면 절대 빠질 수 없는 스위트 클래식 마카롱(진한 바닐라, 블랙 커런트, 마롱 등)부터 스위트 마카롱 베리에이션(레몬 파스티스, 살구 치즈케이크, 리올레 등), 먹어보지 않고는 그 진가를 알 수 없는 솔티 마카롱까지! 특히 이 책을 통해 정통 솔티 마카롱(햄 버터, 머스터드, 부르생 등)과 솔티 마카롱의 응용편(커민 후추 쨈, 베르가모트 훈제 연어, 오렌지 가지 칠면조 등)에도 도전해보자. 기발한 필링으로 채운 다양한 솔티 마카롱을 맛보게 된다면 다들 입을 다물지 못할 것이다.

자, 이제 까다로운 레시피만 정복하면 된다. 당신의 눈앞엔 화려한 마카롱의 세계가 펼쳐질 것이다!

크리스토프 펠더
Christophe Felder

Contents

PART 1

마카롱 기본 레시피

Recettes de base

PART 2

정통 스위트 마카롱

Macarons sucrés classiques

초콜릿 마카롱
37

커피 마카롱
39

바닐라 마카롱
41

가염버터 캐러멜 마카롱
43

코코넛 마카롱
45

피스타치오 마카롱
47

민트 마카롱
49

레글리스 마카롱
51

오르쟈 마카롱
53

마롱 마카롱
55

PART 3

스위트 마카롱: 응용편

Macarons sucrés gastronomiques

레몬 바질 마카롱
99

파스티스 레몬 마카롱
101

녹차 딸기 마카롱
103

키르슈 붉은 과일
마카롱
105

아니스 프람브와즈
마카롱
107

밀크 초콜릿
프람브와즈 마카롱
109

무화과 프람브와즈
마카롱
111

라즈베리
피스타치오 마카롱
113

레드프루트
마카롱
115

버베나 피스타치오
마카롱
117

앵두 오렌지 블러썸
마카롱
119

코클리코 자몽
마카롱
121

자몽 딸기 버베나
마카롱
123

소르베 마카롱
125

로즈 마카롱
127

라벤더 마카롱
129

바이올렛 마카롱
131

말라바 마카롱
133

살구 치즈케이크
마카롱
135

파리 브레스트
마카롱
137

리올레 마카롱
139

정통 솔티 마카롱

버터 햄 마카롱
183

리예트 마카롱
185

블랙 포레스트
치즈 마카롱
187

베르가모트
훈제 연어 마카롱
211

홀스래디시 크랩
타라마 마카롱
213

곰새우 유자미소된장
마카롱
215

와사비 정어리
마카롱
217

골든 레이즌 호두
로크포르 마카롱
219

루콜라 쉐브르
마카롱
221

프룬 마카다미아
콩테 마카롱
223

오렌지 가지 칠면조
마카롱
225

푸아그라 마카롱
227

염장 오리 푸아그라
마카롱
229

푸아그라 가나슈
마카롱
231

호두 누가틴 푸아그
라 마카롱
233

푸아그라 마카롱
235

Recettes de base

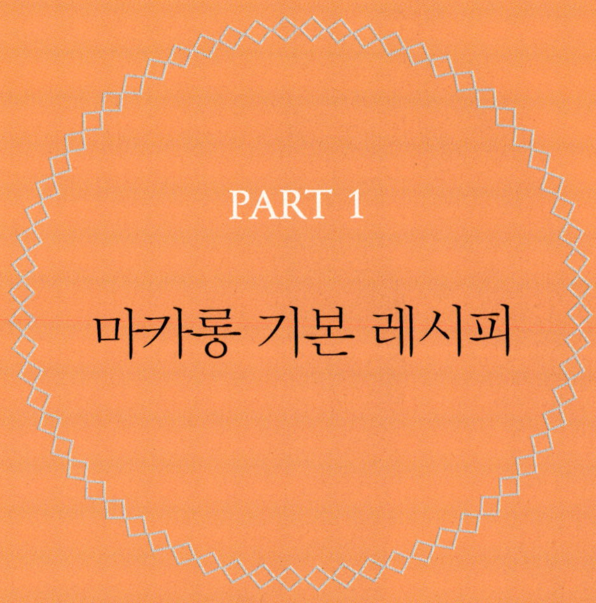

PART 1

마카롱 기본 레시피

마카롱 기본 요소
Les matières premières

설탕

사탕무나 사탕수수에 많이 함유돼 있는 설탕(혹은 수크로오스)은 포도당과 과당으로 이루어져 있다(포도당과 과당은 당질의 한 종류로 인체의 주요 에너지원으로 작용한다.). 마카롱을 만들 때는 매우 다양한 종류의 설탕을 사용하게 된다. 달걀 흰자로 거품을 내 머랭을 만들 때는 가루 설탕을 넣는다. 될 수 있으면 크리스털 슈거보다 곱고 물에 잘 녹는 가루 설탕을 사용하는 것이 좋다. 가루 설탕은 99.9% 수크로오스로 이루어져 있다.

마카롱 반죽에 들어가는 아몬드 가루와 슈거파우더를 1:1 비율로 섞은 것을 '탕푸르탕'이라고 한다. 슈거파우더는 크리스털 슈거를 곱게 분쇄한 것으로 전분이 첨가돼 있어 쉽게 굳지 않으며, 덩어리지지 않도록 항상 체에 한 번 걸러서 사용해야 한다. 일반적으로(포장지에 따로 비율이 명시돼 있지 않을 경우) 슈거파우더의 97%는 수크로오스, 3%는 전분(전분도 당질의 일종)으로 구성돼 있다. 여기서 말하는 슈거파우더는 전분이 첨가된 것을 말한다.

아몬드

아몬드 나무는 지중해 분지에서 쉽게 찾아볼 수 있으며, 아몬드 씨는 매우 기름지고 다양한 형태로 가공하여 먹을 수 있다. 마카롱을 만들 때는 아몬드 껍질을 깐 다음, 빻아서 가루를 내 사용하는 것이 일반적이다. 가루 입자의 크기는 제조사에 따라 조금씩 차이가 있겠지만 시중에서 판매하는 아몬드 가루로도 충분히 마카롱을 만들 수 있다. 한 번 개봉한 아몬드 가루는 밀폐용기에 담아 습기가 없는 곳에 보관하도록 한다.

달걀 흰자

달걀에서 분리해 낸 흰자의 무게는 평균적으로 30g 정도이며, 물과 알부민(수용성 단백질의 일종, 즉 물에 녹는 단백질을 말한다.)으로 구성돼 있다. 달걀 흰자는 노른자에서 분리하자마자 사용하는 것이 좋다. 달걀 흰자의 거품을 풍성하게 내려면 기름기가 없는 깨끗한 볼에 넣고 힘차게 휘핑해야 한다.

베이킹 도구

마카롱을 만드는 방법에 따라 사용하는 베이킹 도구의 종류가 약간씩 달라진다. 가장 기본적인 도구들은 다음과 같다.

✎ 전기 믹서기

스탠드 믹서기나 핸드 믹서기를 사용하면 힘을 많이 들이지 않고도 달걀 흰자의 거품을 낼 수 있다. 핸드 믹서기를 이용할 때는 거품을 내는 동안 계속 믹서기로 원을 그려줘야 매끄러운 머랭이 만들어진다.

✎ 전기 블렌더

재료를 체에 거르지 않고도 곱게 분쇄할 수 있다. 하지만 꼭 필요한 도구는 아니다.

✎ 핸드 블렌더

적은 양의 재료를 섞거나 필링을 만들 때 유용하다.

✎ 온도계

80~200℃까지 온도 측정이 가능한 템퍼링 온도계를 사용한다. 템퍼링 온도계의 겉면은 보통 금속으로 덮여있다. 초콜릿용 온도계(측정가능 온도 10~120℃)를 사용하면 고장이 날 수 있으므로 템퍼링 온도계와 혼동하지 않도록 주의한다. 전자 온도계를 사용하면 온도를 좀 더 정확하게 측정할 수 있지만 일반 온도계보다는 비싸다.

✎ 짤주머니

크기가 같은 동그란 모양의 코크를 만들 때 매우 유용하다. 마카롱을 만들 때는 보통 둥근 모양의 깍지 2개가 필요하다. 지름 8mm 혹은 10mm 깍지는 코크를 만들 때 필요하고, 이것보다 조금 더 작은 사이즈의 깍지는 필링을 올릴 때 유용하다.

✎ 오븐 팬

보통 오븐에 있는 오븐 팬을 사용하지만 좀 더 빠르게 작업하려면 여분의 오븐 팬을 준비해두는 것이 좋다.

위의 베이킹 도구들을 제외하고 마카롱을 만들 때 필요한 기본 도구로는 실리콘 스패출러, 나무 스패출러, 거품기 그리고 재료를 넣고 섞을 여분의 그릇 등이 있다.

서모스탯(thermostat, 온도 조절 장치) 단위에 따른 온도

Thermostat 1	50°C
Thermostat 2	60~80°C
Thermostat 3	90~110°C
Thermostat 4	120~140°C
Thermostat 5	150~170°C
Thermostat 6	180~200°C
Thermostat 7	210~230°C
Thermostat 8	240~260°C
Thermostat 9	270~290°C
Thermostat 10	300°C

레시피 기본 원칙

Principe des recettes

마카롱은 크게 2가지 종류로 나눌 수 있다. 차가운 머랭에 설탕을 넣어 만든 '프렌치 마카롱 (p.30 참조)'과 설탕 시럽을 베이스로 만드는 '이탈리안 머랭'이다. 이 책에서 선보이는 마카롱은 모두 '이탈리안 마카롱'이다. 좀 더 손이 많이 가긴 하지만 레시피에만 충실하면 프렌치 마카롱보다 성공할 확률은 훨씬 높다.

코크부터 필링에 이르는 전체 레시피 중 우선 머랭에 색을 입히는 작업부터 시작해보자. 일단 기본 레시피를 따라 코크를 완성하고 나면 여러분은 지금까지 보지 못했던 매우 다양한 종류의 필링 만들기에 도전하게 될 것이다.

마카롱의 기본

소위 '파리지앵 마카롱'이라 하면 2개의 코크 사이에 필링을 채워 넣은 마카롱(차가운 혹은 미지근한)을 말한다. 이때 코크는 머랭에 아몬드 가루와 슈거파우더를 섞은 것(일명 '탕푸르 탕')을 넣어 만든다.

마카롱 색 입히기

아래 표에는 마카롱의 다양한 맛과 그와 어울리는 색소 배합이 나와 있다. 마카롱 코크를 오븐에 구우면 굽기 전보다 색이 좀 더 밝아진다는 것을 항상 염두에 두자. 식자재 마트(온ㆍ오프라인)에서 다양한 종류의 색소를 구입할 수 있으며, 농도에 따라 색소의 사용량은 조금씩 달라진다.

마카롱 맛	어울리는 색소
• 딸기 • 라즈베리 • 로즈 또는 붉은 과일류	빨간색(또는 장미색) 색소. 실패할 확률을 줄이려면 코코아 분말을 약간 첨가한다.
• 레몬	노란색 색소
• 커피 • 캐러멜 • 프랄린	커피 농축액을 사용하되. 좀 더 밝은 색을 원한다면 노란색 색소를 약간 첨가한다.
• 피스타치오 • 라임 • 민트 • 올리브 오일	초록색 색소. 올리브처럼 조금 더 어두운 초록색을 내고 싶다면 노란색 또는 파란색 색소를 첨가한다.
• 망고 • 살구 • 오렌지 • 패션프루트 • 오렌지 블러썸	빨간색 혹은 노란색 색소
• 바이올렛 • 블랙 커런트 • 무화과	빨간색 색소에 파란색 색소를 아주 조금 첨가한다.
• 다크 초콜릿 또는 밀크 초콜릿	반죽에 코코아 분말을 넣되. 조금 더 진한 색을 원한다면 빨간색 색소를 약간 첨가한다.
• 레글리스	검은색 색소

오븐에 마카롱 굽기

단시간에 마카롱을 골고루 잘 구우려면 열 순환이 잘 되는 오븐을 사용하는 것이 좋다. 그리고 굽는 중간에 오븐 팬의 방향을 반대로 돌려줘야 코크의 색이 균일해진다. 가능하다면 2개의 오븐 팬을 한 번에 넣고 굽는 것이 좋다. 팬의 방향을 바꿔줄 때는 꼭 두 팬의 위치도 함께 바꿔야 한다. 위치 변경 후에는 굽는 시간을 살짝 늘린다(약 2분 정도).

마카롱 굽는 시간

마카롱 지름	오븐 온도	오븐에 굽는 시간
4cm 이하 (미니 마카롱)	160℃	8~10분
4~5cm (일반 마카롱)	170℃	10~12분
6~8cm (1인분 마카롱)	170~180℃	12~15분
16cm 이상 (케이크형 마카롱)	170~180℃	15~17분

사용하는 오븐의 종류에 따라 굽는 시간이 조금씩 달라진다. 코크는 뒤집었을 때 팬 위에 깔아놓은 유산지에 들러붙지 않으면 다 익은 것이라고 보면 된다. 마카롱이 완전히 식은 뒤 필링을 채운다.

마카롱 보관법

미니 마카롱의 경우, 밀폐용기에 넣고 하룻밤 정도 냉장고에 보관하면 맛과 질감을 그대로 보존할 수 있을 뿐 아니라 향이 훨씬 진해진다. 물론 이외에도 마카롱 보관방법은 여러 가지가 있다.

마카롱은 밀폐용기에 넣어 냉장고에서 최대 2~3일 정도 보관할 수 있으며, 그 이상 보관하면 마카롱의 풍미가 떨어질 수 있다. 미리 만든 마카롱을 좀 더 오래 보관하고 싶다면 밀폐용기에 넣어 냉동실에 보관하자. 먹기 하루 전날 냉동실에서 꺼내 냉장실에 옮겨두면 된다. 한 번 녹인 마카롱은 하루에서 이틀 정도 두고 먹을 수 있다.

스위트 마카롱
Macarons sucrés

분량	약 40개
재료	아몬드 가루 … 200g
	슈거파우더 … 200g
	물 … 50ml
	설탕 … 200g
	달걀 흰자 … 75g(실온에 보관한 것으로 사용. 약 5개 분량) **×2**
	색소 (상표마다 사용량이 달라진다.)
도구	템퍼링 온도계 … 1개(200℃까지 측정 가능한 것)
	오븐 팬 … 2개(그 이상이어도 상관없다.)
	냄비 … 1개(바닥이 두꺼운 것)
	스패출러 … 2개(딱딱한 스패출러, 실리콘 스패출러)
	유산지
	스탠드 믹서기 … 1대
	지름 8㎜인 둥근 깍지를 끼운 짤주머니 … 1개

> ※ 달걀 흰자의 중량은 정확하게 맞출 것!

※ 우선 각 재료의 중량부터 철저히 체크한다. 오븐은 미리 160℃로 예열해둔다.

1 블렌더에 아몬드 가루와 슈거파우더를 넣는다. '탕푸르탕(아몬드 가루와 슈거파우더를 1:1 비율로 섞은 것)'이 곱게 갈릴 때까지 약 30초 정도 돌린다. 블렌더가 없다면 아몬드 가루가 담긴 그릇을 체 아래에 놓고 슈거파우더를 체에 한 번 거른 뒤 섞는다.

2 바닥이 두꺼운 냄비에 물과 설탕을 넣고 중간 불에 올린다. 스패출러로 골고루 섞어 설탕 시럽을 만든다.

3 적절한 온도를 유지하기 위해 시럽의 온도를 잰다. 시럽의 온도는 118℃가 적당하다.

4 설탕을 졸이는 동안 스탠드 믹서기에 달걀 흰 자 75g을 붓는다.

5 시럽의 온도가 114℃를 가리킬 때쯤 믹서기를 가장 빠른 속도로 돌려 달걀 흰자 거품을 만든다. 마침내 온도계가 118℃를 가리키면 믹서기의 속도를 줄이고, 달걀 흰자 거품에 설탕 시럽을 조금씩 붓는다. 이때 시럽이 튀지 않도록 믹서기 볼의 벽을 따라 천천히 붓는다.

6 달걀 흰자 거품에 색소를 넣는다. 이때 믹서기를 빠른 속도로 돌리면 이탈리안 머랭을 빨리 식힐 수 있다. 부드럽고 윤기 나는 머랭이 나올 때까지 섞는다. 손가락 끝으로 머랭을 살짝 떴을 때 머랭의 온도가 손가락의 온도보다 약간 높아야 한다.

7 아몬드 가루와 슈거파우더(1번 과정)를 담은 그릇에 남은 달걀 흰자 75g을 넣고, 딱딱한 스패출러로 섞어준다.

8 찰진 반죽이 나올 때까지 계속 섞는다.

9 실리콘 스패출러로 이탈리안 머랭(6번 과정)을 조금 떠서 아몬드 가루 반죽에 넣어 섞는다. 재료가 잘 섞이면 남은 머랭도 넣어준다. 그릇의 바닥과 벽면에 묻은 반죽까지 쓸어 걸쭉해질 때까지 골고루 섞는다.

10 완성된 반죽의 절반을 짤주머니에 담는다.

11 유산지를 깐 오븐 팬 위에 일정 간격으로 납작하고 둥근 모양의 반죽을 짠다.

12 오븐 팬을 작업대에 대고 내려치거나 팬 아래를 손바닥으로 치면 반죽 윗부분을 매끈하게 만들 수 있다. 예열된 오븐에 넣고 12분 정도 굽는다. 굽는 중간에 반드시 팬의 방향을 돌려준다.

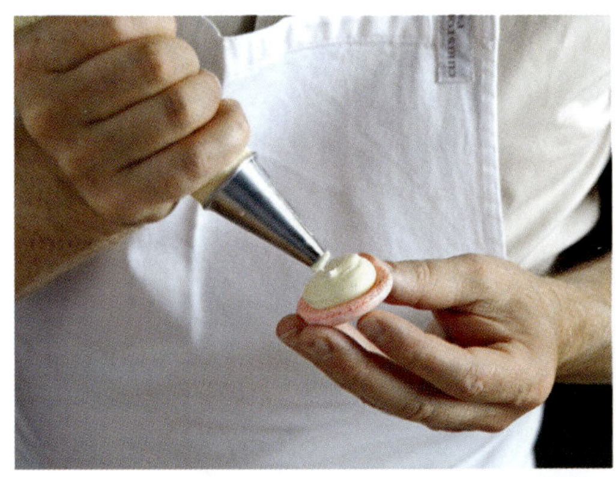

13 완성된 코크가 완전히 식으면 필링을 올린다. 만드는 마카롱의 종류에 따라 공 모양이나 도넛 모양으로 필링을 채운다. 여기서 팁 하나! 필링을 듬뿍 짜야 예쁜 마카롱을 만들 수 있다.

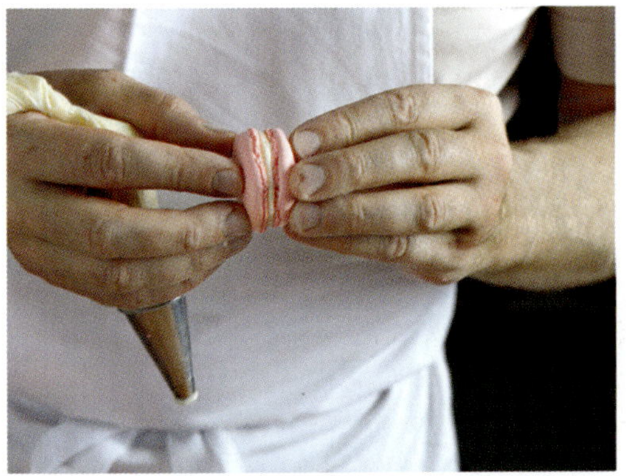

14 필링을 올린 코크와 같은 크기의 코크를 찾아 붙인다.

솔티 마카롱
Macarons salés

분량 약 40개
재료 설탕 … 200g

물 … 50ml

아몬드 가루 … 200g

슈거파우더 … 200g

달걀 흰자 … 75g(실온에 보관한 것으로 사용. 약 5개 분량) **×2**

가는 소금 … 2꼬집

백후춧가루 … 2꼬집

색소(상표마다 사용량이 달라진다.)

도구 템퍼링 온도계 … 1개(200℃까지 측정 가능한 것)

오븐 팬 … 2개(그 이상이어도 상관없다.)

냄비 … 1개(바닥이 두꺼운 것)

스패츌러 … 2개(딱딱한 스패츌러, 실리콘 스패츌러)

유산지

핸드 믹서기 … 1대

지름 8㎜인 둥근 깍지를 끼운 짤주머니 … 1개

※ '꼬집'은 엄지와 검지로 약간 집었을 때의 양을 말한다.

※ 달걀 흰자의 중량은 정확하게 맞출 것!

1 우선 각 재료의 중량을 정확히 체크한다. 오븐은 160℃로 예열해 놓는다.

2 바닥이 두꺼운 냄비에 설탕과 물을 넣고 잘 섞은 뒤 중간 불에 올린다.

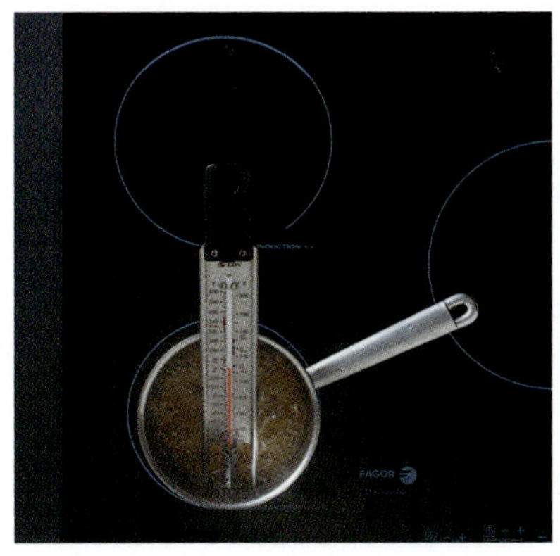

3 온도계를 이용해 시럽의 온도를 적정하게 유지한다. 시럽의 온도는 118℃가 적당하다.

4 색소를 넣는다(설탕 시럽에 바로 색소를 넣으면 좀 더 진한 색을 낼 수 있다.).

5 설탕 시럽이 완성되는 동안 믹서기로 달걀 흰자 75g을 휘핑한다.

6 시럽의 온도가 118℃를 가리키면 믹서기의 속도를 줄이고, 달걀 흰자 거품에 설탕 시럽을 조금씩 붓는다. 이때 시럽이 튀지 않도록 그릇의 벽을 따라 천천히 붓는다. 7~10분간 빠른 속도로 재료를 휘핑해주면 머랭이 좀 더 단단해진다.

7 아몬드 가루와 슈거파우더를 섞은 뒤 체에 거른다.

8 여기에 남은 달걀 흰자 75g을 넣고 딱딱한 스패출러로 섞는다.

9 찰진 반죽이 나올 때까지 잘 섞는다.

10 실리콘 스패출러로 이탈리안 머랭(6번 과정)을 조금 떠서 아몬드 반죽에 섞어준다.

11 소금과 후추를 넣어 간을 한 뒤 남은 머랭도 다 넣는다. 그릇의 바닥과 벽면에 묻은 반죽까지 쓸어서 걸쭉해질 때까지 잘 섞는다.

12 짤주머니에 반죽을 반 정도 채운 뒤, 유산지를 깐 팬 위에 일정 간격으로 납작하고 둥근 모양의 반죽을 짠다.

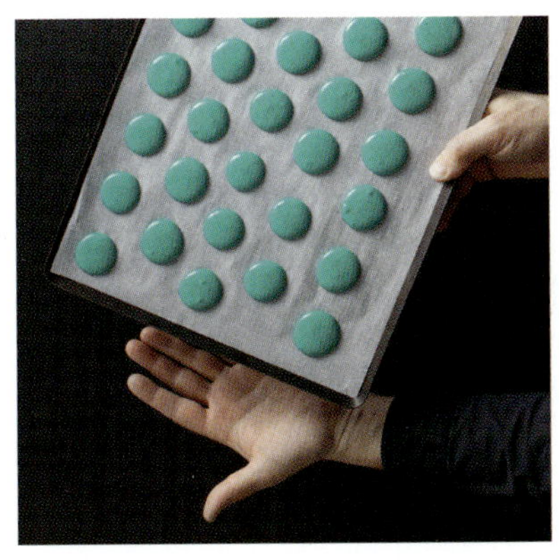

13 반죽을 짠 오븐 팬을 작업대에 대고 치거나 손바닥으로 팬 아래를 쳐주면 반죽 윗부분을 매끈하게 만들 수 있다. 오븐에서 12~15분간 굽는다(오븐 종류에 따라 시간이 다르다.). 굽는 중간에 팬의 방향을 바꿔 준다.

코크가 완전히 식으면 필링을 올린다. 만드는 마카롱의 종류에 따라 둥근 모양이나 도넛 모양으로 필링을 채운다. 여기서 팁 하나! 필링을 듬뿍 짜야 예쁜 마카롱을 만들 수 있다.

각 레시피에 알맞은 색소는 재료 하단에 표기했으며, 자신이 원하는 색으로 자유롭게 변형할 수 있다. 되도록 액상 색소를 사용하는 것이 좋으며, 가루 색소를 이용할 경우에는 물에 개어 쓰도록 한다(ex. 가루 색소 5g + 물 50g). 물에 갠 가루 색소는 유리병에 담아 보관한다. 필요한 색소의 양은 각 상표에 따라 다르다. 참고로 저자는 Sevarome à Yssingeaux(프랑스의 아로마 제조사)의 제품을 사용하고 있다.

프렌치 마카롱

La meringue française

분량	약 40개
재료	슈거파우더 ⋯ 225g
	아몬드 가루 ⋯ 125g
	달걀 흰자 ⋯ 100g(약 3½개 분량)
	설탕 ⋯ 25g
도구	스탠드 믹서기 ⋯ 1대
	거품기 ⋯ 1대
	실리콘 스패출러 ⋯ 1개
	둥근 깍지(지름 8mm 혹은 10mm)를 끼운 짤주머니 ⋯ 1개
	오븐 팬 ⋯ 2개(그 이상이어도 상관없다.)
	유산지

※ 우선 각 재료의 중량을 철저히 체크한다. 오븐은 170℃로 예열해 놓는다.

1 믹서기 볼에 슈거파우더와 아몬드 가루를 넣고 약 30초간 갈아준다. 믹서기가 없다면 직접 2가지 재료를 섞은 뒤 체에 걸러 사용해도 된다. 잘 섞은 재료는 깨끗한 그릇에 옮겨 둔다.

2 거품기에 달걀 흰자를 넣고 가장 빠른 속도로 휘핑한다. 가볍게 거품이 일기 시작하면 설탕을 골고루 뿌린 뒤, 약 10분간 더 휘핑한다. 이 과정에서 흰자는 완전히 거품으로 변해야 한다.

3 완성된 머랭은 희고 단단하다.

4 머랭에 1번 과정에서 슈거파우더와 아몬드 가루(일명 '탕푸르탕'이라고 부른다.)를 섞어 놓았던 것을 나눠서 넣는다.

5 물기 없는 재료들이 골고루 잘 섞일 수 있도록 실리콘 스패츌러로 저어준다. 사진은 반죽을 골고루 섞은 모습이다.

6 반죽 전체를 계속해서 빠르게 치대야 한다. 이는 달걀 흰자 거품과 재료를 빠르게 섞어 거품을 터뜨려야 코크를 구울 때 표면에 균열이 생기는 것을 방지할 수 있기 때문이다. 완성된 반죽은 매우 진득한 상태가 된다.

7 반죽을 굽기 전, 유산지 위에 베이킹틀(또는 물컵도 상관없다.)을 대고 지름 4cm 정도되는 원을 그린다. 이렇게 미리 밑그림을 그려야 일정한 크기의 마카롱을 만들 수 있기 때문이다. 그 위에 깨끗한 유산지 1장을 덮어 잘 고정시킨다(필요한 경우 클립으로 고정시킨다.).

짤주머니에 머랭 반죽의 절반을 덜어 넣은 뒤 유산지의 밑그림을 따라 반죽을 짠다. 다 짠 뒤 오븐 팬을 가볍게 두드려 코크 반죽 표면이 매끈해지도록 한다. 반죽을 오븐에 넣고 약 10~12분 정도 굽는다. 중간에 반드시 오븐 팬의 방향을 돌려줘야 골고루 구워진다. 다 구워지면 꺼내 완전히 식힌 뒤 필링을 얹는다.

프렌치 마카롱은 앞서 소개된 2가지 이탈리안 마카롱(스위티·솔티 마카롱)보다 간단한 방법으로 만들 수 있지만 성공률은 훨씬 낮다. 만약 완성된 프렌치 마카롱의 코크 표면에 미세한 균열이 생겼다면 다음번에는 이전보다 반죽을 더 오랜 시간 치대야 할 것이다.

마카롱 체크리스트
Quelques astuces indispensables

주의사항

- 신선한 달걀을 쓰되, 미리 깨뜨려 놓지 않아야 맛있는 마카롱을 만들 수 있다.
- 설탕 시럽을 넣을 때는 달걀 흰자 거품이 너무 단단하면 안 된다.
- 색소를 많이 첨가했거나, 초콜릿 마카롱을 만드는 경우가 아니라면 굽기 전에 반죽이 굳을 때까지 기다릴 필요가 없다.
- 반드시 차가운 오븐 팬 위에 반죽을 짜야 한다. 팬이 차갑지 않으면 코크에 균열이 생길 수도 있다. 오븐 팬이 얇은 경우 팬 2개를 겹치거나 팬 위에 실패트(Silpat: 실리콘 베이킹 매트)를 깔아준다.
- 코크를 굽기 전에 팬을 가볍게 두드려야 평평하고 매끄러운 마카롱을 만들 수 있다.
- 코크가 건조해지면 가나슈를 바르기 전에 분무기로 코크 안쪽에 물을 살짝 뿌린다.
- 될 수 있으면 크기가 비슷한 코크를 찾아 붙인다.
- 좀 더 먹음직스럽고 도톰한 마카롱을 만들려면 필링을 충분히 올려야 한다. 크림이 코크 가장자리까지 오도록 짜야 예쁜 모양의 마카롱을 만들 수 있다.

보관 방법(스위트 마카롱에만 해당)

❧ 냉동 보관
- 그릇에 마카롱을 넣고(뚜껑은 연 채로) 우선 냉장실에 2시간 정도 보관한 뒤 다시 밀폐용기에 옮겨 냉동실에 보관한다.
- 마카롱 만든 날짜를 용기에 표시해 놓는다. 만든 날로부터 2~3주간 보관이 가능하다.

❧ 냉장 보관
- 마카롱을 밀폐용기에 담는다. 너무 건조하지 않은 냉장실에 두고 24시간 안에 먹으면 마카롱의 풍미를 그대로 느낄 수 있다.

단, 솔티 마카롱은 만든 당일 혹은 그 다음 날까지만 두고 먹을 수 있다.

Macarons
sucrés
classiques

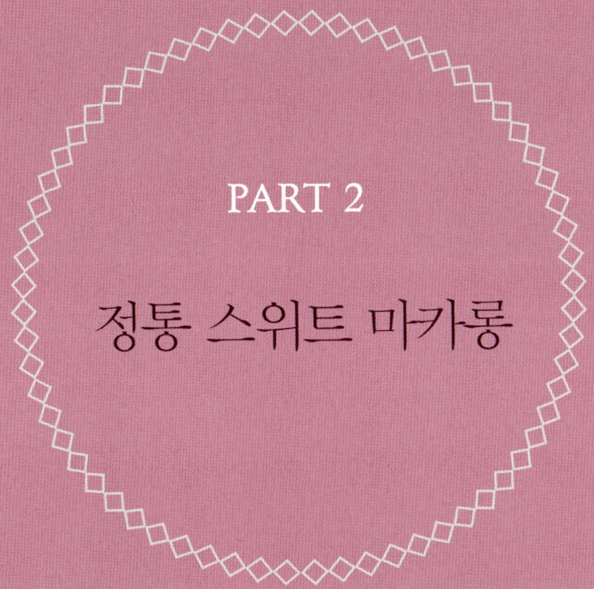

PART 2
정통 스위트 마카롱

초콜릿 마카롱
Macaron chocolat

분량 약 40개

재료
필링 : 다크 초콜릿 가나슈
액상 생크림(유지방 함량 30% 이상)
  … 200g
설탕 … 15g
다크 초콜릿(카카오 함량 70% 이상)
  … 250g
버터 … 40g

코크
빨간색 색소
무가당 코코아 분말 … 30g

>>> *How to make*

다크 초콜릿 가나슈

1 냄비에 생크림을 붓고 설탕을 넣은 뒤 약한 불에서 끓인다.

2 다크 초콜릿은 잘게 썰어 그릇에 담는다.

3 생크림이 끓으면 절반을 **2**에 붓고, 초콜릿이 완전히 녹을 때까지 잠시 기다린다. 생크림과 초콜릿이 골고루 섞이도록 스패츌러로 그릇의 중앙에서부터 천천히 저어준다.

4 남은 생크림도 마저 붓고 부드럽고 윤기 나는 가나슈가 완성될 때까지 천천히 젓다가 잘게 자른 버터 조각을 넣고 다시 한 번 저어준다. 코크를 만드는 사이 그릇에 랩을 씌워 상온에 두면 가나슈가 굳는다.

코크

22쪽 스위트 마카롱 코크 레시피에 따라 코크를 만든다. 1번 과정에서 아몬드 가루와 슈거파우더를 섞은 뒤 무가당 코코아 분말 30g을 넣어 섞는다.

마카롱 완성하기

1 지름 8mm인 둥근 깍지를 끼운 짤주머니에 가나슈를 넣고, 코크 중앙에 둥근 모양으로 짠다.

2 같은 크기의 코크를 찾아 붙인다. 완성된 마카롱은 냉장고에 넣어 굳힌다.

커피 마카롱
Macaron café

분량 약 40개

재료
필링 : 커피 가나슈
액상 생크림(유지방 함량 30% 이상)
　… 200g
원두가루 … 10g
커피가루 … ½작은술
화이트 초콜릿 … 250g

코크
노란색 색소
커피 농축액

>>> *How to make*

커피 가나슈

1 냄비에 생크림을 붓고 약한 불에 올려 끓이다가 끓으면 원두가루와
커피가루를 넣고 섞는다.

2 화이트 초콜릿은 잘게 썰어 그릇에 담고, 중탕으로 녹인다.

3 생크림이 끓으면 절반의 양을 **2**에 붓는다. 초콜릿과 크림이 잘 섞이
도록 그릇 중앙에서부터 거품기로 천천히 저어준다.

4 남은 크림을 마저 부어 부드럽고 윤기 나는 가나슈가 완성될 때까지
천천히 저어준다. 코크를 만드는 사이 그릇에 랩을 씌워 상온에 두면
가나슈가 굳는다.

코크

22쪽 스위트 마카롱 코크 레시피에 따라 코크를 만든다.

마카롱 완성하기

1 살짝 굳은 가나슈는 몇 초간 휘핑한 뒤 사용한다. 지름 8mm인 둥근
깍지를 끼운 짤주머니에 넣고 코크 중앙에 둥근 모양으로 짠다.

2 같은 크기의 코크를 찾아 붙인다.

바닐라 마카롱

Macaron vanilla ultra

분량 약 40개

재료
필링 : 바닐라 가나슈
화이트 초콜릿 … 250g
액상 생크림(유지방 함량 30% 이상)
    … 250g
바닐라빈(반을 갈라 씨를 긁어낸 것)
    … 3개

코크
바닐라빈 씨

>>> *How to make*

바닐라 가나슈

1 화이트 초콜릿을 잘게 썰어 그릇에 담는다.

2 냄비에 생크림을 붓고 바닐라빈을 넣은 뒤 끓으면 불에서 내린다. 뚜껑을 연 채로 1시간 정도 우려낸다.

3 크림을 다시 데우고 **1**에 조금씩 붓는다. 크림을 부을 때마다 재료를 잘 저어주고, 크림과 초콜릿이 골고루 섞이면 체에 한 번 거른다.

4 완성된 가나슈는 그릇에 담아 냉장고에 2시간 정도 둔다.

코크

22쪽 스위트 마카롱 코크 레시피에 따라 코크를 만든다. 1번 과정에서 아몬드 가루와 슈거파우더를 섞은 뒤 바닐라빈 씨를 넣고 섞는다. 마카롱이 흰색을 유지하도록 색소는 첨가하지 말고, 오븐의 온도는 140℃에 맞춘다.

마카롱 완성하기

1 지름 8mm인 둥근 깍지를 끼운 짤주머니에 가나슈를 넣고, 코크 중앙에 둥근 모양으로 짠다.

2 같은 크기의 코크를 찾아 붙인다.

> **Tip**
> 바닐라빈은 깨끗이 씻어 상온에서 2~3일, 혹은 약한 온도의 오븐(40℃)에서 약 10분간 건조시킨다. 건조시킨 바닐라빈을 믹서기에 넣고 갈아 가루로 만든 뒤 체에 거르면 바닐라 가루가 된다. 완성된 바닐라 가루는 밀폐용기에 넣고 보관한다. 디저트에 바닐라의 향과 맛을 내고 싶을 때마다 유용하게 사용할 수 있다.

가염버터 캐러멜 마카롱

Macaron caramel beurre salé

Macarons sucrés classiques

분량 약 40개

재료
필링 : 가염버터 캐러멜
설탕 … 280g
액상 생크림(유지방 함량 30% 이상)
　… 130g
가염버터 … 200g

코크
노란색 색소
커피 농축액

>>> *How to make*

가염버터 캐러멜

1 바닥이 두꺼운 냄비에 준비한 설탕의 ⅓을 넣고 중간 불에 올려 녹인다. 설탕이 녹아 약간 노릇한 색으로 변하면 다시 설탕 ⅓을 넣고 녹인다. 마지막으로 남은 설탕을 마저 넣고 밝은 캐러멜 색이 될 때까지 기다린다.

2 설탕 시럽이 더 이상 끓지 않도록 계속 저으면서 생크림을 조금씩 부어준다. 이때 재료가 넘치면 화상을 입을 수도 있으니 주의하자! 크림이 설탕 시럽과 완전히 섞이면 시럽에 온도계를 꽂아 온도를 확인한다. 캐러멜의 온도는 108℃가 돼야 한다(온도계가 없을 때는 2분 정도 끓여주면 된다.). 108℃가 되면 불에서 내린 뒤 캐러멜이 더 이상 끓지 않도록 차가운 버터를 잘게 잘라 넣어준다.

3 핸드 블렌더로 부드럽고 윤기 나는 캐러멜이 될 때까지 잘 섞어준다. 스패출러를 사용해 저어도 되지만 그렇게 되면 시간이 더 걸린다. 완성된 캐러멜은 그릇에 옮겨 냉장고에 보관한다.

코크

22쪽 스위트 마카롱 코크 레시피에 따라 코크를 만든다.

마카롱 완성하기

1 지름 8mm인 둥근 깍지를 끼운 짤주머니에 캐러멜을 넣고, 코크 중앙에 둥근 모양으로 짠다.

2 같은 크기의 코크를 찾아 붙인다.

코코넛 마카롱

Macaron coco

분량 약 40개

재료
필링 : 코코넛 가나슈
화이트 초콜릿 … 200g
코코넛 밀크 … 200g
바닐라 빈(반을 갈라 씨를 긁어낸 것)
　… ½개
코코넛 가루 … 50g
딸기 … 100g

코크
장미색 색소
코코넛 가루

>>> *How to make*

코코넛 가나슈

1 초콜릿을 잘게 썰어 그릇에 담는다.

2 냄비에 코코넛 밀크와 바닐라빈을 넣고 중간 불에서 끓이다가 끓으면 절반을 먼저 **1**에 붓는다. 초콜릿이 완전히 녹을 때까지 30초 정도 기다린 뒤 스패츌러로 천천히 저으면 초콜릿과 코코넛 밀크가 골고루 섞인다.

3 남은 코코넛 밀크를 두 번에 나눠 붓고 잘 섞는다.

4 부드럽고 윤기 나는 가나슈가 완성되면 여기에 코코넛 가루를 뿌리고 다시 한 번 잘 섞어준다. 그릇에 랩을 씌워 상온에 놓으면 가나슈가 굳는다.

코크

22쪽 스위트 마카롱 레시피에 따라 코크를 만든다. 반죽을 오븐에 굽기 전(12번 과정) 체에 거른 코코넛 가루를 반죽 위에 살살 뿌려준다.

마카롱 완성하기

1 지름 8mm인 둥근 깍지를 끼운 짤주머니에 가나슈를 넣고, 코크 위에 도넛 모양으로 짜 올린 뒤 중앙에 작은 딸기 조각을 얹는다.

2 같은 크기의 코크를 찾아 붙여준다.

Tip
필링 안에 딸기 조각 대신 딸기 마멀레이드를 사용하면 마카롱을 조금 더 오래 보관할 수 있다.

피스타치오 마카롱

Macaron pistache

분량 약 40개

재료

필링 : 피스타치오 가나슈
아몬드 시럽(또는 오르쟈 시럽) ··· 50g
그린 피스타치오(껍데기를 깐) ··· 100g
화이트 초콜릿 ··· 300g
액상 생크림(유지방 함량 30% 이상)
　··· 300g
피스타치오 페이스트 ··· 50g

코크
녹색 색소
노란색 색소

피스타치오 가나슈

1 아몬드 시럽과 그린 피스타치오를 한데 넣고 곱게 갈아준다.

2 화이트 초콜릿은 잘게 썰어 그릇에 담는다.

3 냄비에 생크림을 붓고 **1**을 넣은 뒤 약한 불에 올린다.

4 생크림이 끓기 시작하면 ⅓을 **2**에 붓는다. 초콜릿이 크림과 잘 섞이도록 그릇의 중앙에서부터 스패츌러로 빠르게 저어준다.

5 남은 크림도 두 번에 나눠 붓는다. 부드럽고 윤기 나는 가나슈가 완성될 때까지 계속 저어준다. 가나슈를 다른 그릇에 옮겨 냉장고에 2시간 이상 보관한다.

코크

22쪽 스위트 마카롱 코크 레시피에 따라 코크를 만든다.

마카롱 완성하기

1 지름 8mm인 둥근 깍지를 끼운 짤주머니에 가나슈를 넣고, 코크 중앙에 둥근 모양으로 짠다.

2 같은 크기의 코크를 찾아 붙인다.

"

민트 마카롱
Macaron menthe

분량 약 40개

재료

필링 : 민트 가나슈
화이트 초콜릿 ··· 250g
민트잎 ··· 6g
액상 생크림(유지방 함량 30% 이상)
··· 200g
민트 리큐르(혹은 민트 시럽) ··· 2큰술

코크
연한 녹색 색소(혹은 파란색 색소 + 노란색 색소 약간)

>>> *How to make*

민트 가나슈

1 화이트 초콜릿을 잘게 썰어 그릇에 담는다.

2 민트잎도 잘게 다진다.

3 냄비에 생크림을 붓고 끓인 뒤 **2**를 넣는다.

4 생크림의 온도가 약 80℃가 되면 **1**에 조금씩 붓는다. 이때 잘 섞이도록 스패츌러로 계속 저어준다. 민트 리큐어를 첨가한다.

5 초콜릿이 잘 녹지 않으면 한 번 더 데워준다. 완성된 가나슈는 냉장고에서 2시간 이상 보관한다.

코크

22쪽 스위트 마카롱 코크 레시피에 따라 코크를 만든다.

마카롱 완성하기

1 지름 8mm인 둥근 깍지를 끼운 짤주머니에 가나슈를 넣고, 코크 중앙에 둥근 모양으로 짠다.

2 같은 크기의 코크를 찾아 붙인다.

Tip 달달한 가나슈에 시럽까지 넣으면 단맛이 너무 강할 수 있다! 기호에 따라 다르겠지만 시럽의 양은 줄이고 민트잎을 많이 넣는 것이 좋다.

레글리스 마카롱
Macaron réglisse

분량 약 40개

재료
필링 : 레글리스 가나슈
화이트 초콜릿 … 250g
액상 생크림(유지방 함량 30% 이상)
　… 220g
레글리스 젤리 … 15g

코크
갈색 색소
초록색 색소
빨간색 색소

>>> *How to make*

레글리스 가나슈

1 화이트 초콜릿을 잘게 썰어 그릇에 담는다.

2 생크림은 냄비에 넣고 끓이다가 끓으면 레글리스 젤리를 넣는다. 생크림의 온도가 약 80℃가 되면 **1**에 조금씩 붓는다. 이때 크림을 부으면서 스패출러로 계속 저어줘야 한다.

3 젤리가 잘 녹지 않으면 한 번 더 데운 뒤 골고루 섞어 녹인다. 완성된 가나슈는 냉장고에서 2시간 이상 보관한다.

코크

22쪽 스위트 마카롱 코크 레시피에 따라 코크를 만든다.

마카롱 완성하기

1 지름 8mm인 둥근 깍지를 끼운 짤주머니에 가나슈를 넣고, 코크 중앙에 둥근 모양으로 짠다.

2 같은 크기의 코크를 찾아 붙인다.

Tip
레글리스(réglisse)
레글리스는 원래 불어로 '감초'를 뜻한다. 여기서 사용된 레글리스 젤리는 동그랗고 납작한 모양의 '감초 젤리'를 말한다. 일반적으로 하리보(Haribo) 사에서 판매하는 '하리보 감초 젤리'를 사용하면 된다.

분량 약 40개

재료

필링 : 오르쟈 크림
버터 … 150g
오르쟈 시럽(아몬드 시럽) … 120g
아몬드 가루 … 50g

오르쟈(orgeat)

알코올기 없이 아몬드 맛이 나는 시럽으로 외국 식료품점이나 온라인을 통해 구입할 수 있다. 오르쟈 크림을 도넛 모양으로 짜고, 그 안에 작은 라즈베리나 설탕에 절인 오렌지 제스트를 넣어도 좋다. 개성 있는 마카롱을 시도해보고 싶다면 사진처럼 코크를 하트 모양으로도 만들어보자.

>>> *How to make*

오르쟈 크림

1 그릇에 버터를 넣고 핸드 믹서기로 10분 정도 휘핑한다. 가벼운 흰색 거품이 일 때까지 계속 휘핑한다.

2 버터 무스가 완성되면 오르쟈 시럽을 천천히 조금씩 붓는다. 부드럽고 윤기 나는 크림이 만들어질 때까지 계속 저어준다. 적어도 2분 이상은 휘핑해야 맛있는 크림을 만들 수 있다.

3 여기에 아몬드 가루를 뿌리면서 스패츌러로 1분 동안 천천히 저어준다. 크림이 너무 묽으면 냉장고에 10분 정도 보관한 뒤 꺼내 가볍게 섞어준다.

코크

22쪽 스위트 마카롱 레시피에 따라 코크를 만든다. 코크가 흰색을 유지할 수 있도록 오븐 온도를 140℃에 맞춘다.

마카롱 완성하기

1 지름 8mm인 둥근 깍지를 끼운 짤주머니에 오르쟈 크림을 넣고, 코크 중앙에 둥근 모양으로 짠다.

2 같은 크기의 코크를 찾아 붙인다.

마롱 마카롱
Macaron marron

분량 약 40개

재료
필링 : 마롱 크림
마롱 크림 … 220g
버터 … 100g
코냑 … 1작은술

코크
밝은 갈색 색소
노란색 색소
무가당 코코아 분말 … 5g

>>> *How to make*

마롱 크림

1 상온에 보관해둔 미지근한 마롱 크림을 준비한다. 만약 냉장고에 보관했다면 사용하기 30분 전에 미리 꺼내 놓는다. 크림이 차가우면 버터와 섞을 때 버터가 굳어버릴 수도 있다.

2 그릇에 버터를 넣고 핸드 믹서기로 10분간 휘핑한다. 흰색의 가벼운 거품이 일 때까지 계속 휘핑한다.

3 여기에 마롱 크림을 조금씩 넣어 부드럽고 윤기 나는 크림이 완성될 때까지 골고루 섞어준다. 적어도 2분 이상은 휘핑해야 맛있는 크림을 만들 수 있다.

4 코냑을 넣고 천천히 젓는다. 크림이 너무 묽으면 냉장고에 10분 정도 보관한 뒤 꺼내 가볍게 섞어준다.

코크

22쪽 스위트 마카롱 코크 레시피에 따라 코크를 만든다. 1번 과정에서 아몬드 가루와 슈거파우더를 섞은 뒤 무가당 코코아 분말 5g을 넣어 섞는다.

마카롱 완성하기

1 지름 8mm인 둥근 깍지를 끼운 짤주머니에 마롱 크림을 넣고, 코크 중앙에 둥근 모양으로 짠다.

2 같은 크기의 코크를 찾아 붙인다.

브러시로 마카롱 안쪽에 코냑을 살짝 발라주어도 좋다.

패션프루트 초콜릿 마카롱

Macaron passion chocolat

분량 약 40개

재료

필링 : 패션프루트 가나슈
패션프루트즙 … 200g
설탕 … 25g
밀크 초콜릿 … 340g
버터 … 60g

코크
커피 농축액
잘게 부순 와퍼 과자 … 6조각
무가당 코코아 분말 … 50g

>>> *How to make*

패션프루트 가나슈

1 냄비에 패션프루트즙 150g과 설탕을 넣고 약한 불에서 끓여 시럽을 만든다.

2 밀크 초콜릿을 잘게 썰어 그릇에 담고 전자레인지에 돌리거나 중탕으로 녹인다.

3 여기에 **1**을 부은 뒤 부드럽고 윤기 나는 가나슈가 될 때까지 저어준다. 잘게 썬 버터를 넣고 골고루 섞으면 가나슈가 좀 더 묽어진다. 완성된 가나슈를 약 30분 정도 냉장고에 보관해 살짝 굳힌다.

코크

22쪽 스위트 마카롱 코크 레시피에 따라 코크를 만든다. 반죽을 굽기 전, 잘게 부순 와퍼 과자와 고운 체에 거른 코코아 분말을 뿌린다.

마카롱 완성하기

1 브러시에 패션프루트즙을 묻혀 코크 안쪽에 얇게 발라준다. 너무 많이 바르면 코크가 망가질 수 있으니 주의하자.

2 지름 8mm인 둥근 깍지를 끼운 짤주머니에 가나슈를 넣고, 코크 중앙에 둥근 모양으로 짠다.

3 같은 크기의 코크를 찾아 붙인다.

초콜릿 레몬 마카롱

Macaron chocolat citron

분량 약 40개

재료
필링 : 초콜릿 가나슈
액상 생크림(유지방 함량 30% 이상)
　… 300g
설탕 … 40g
다크 초콜릿 … 250g
레몬 제스트
버터 … 50g

레몬 절임
물 … 200g
설탕 … 100g
레몬 슬라이스(두껍게 슬라이스 한 것)

코크
무가당 코코아 분말 … 20g

> **Tip**
> 레몬의 쓴맛을 제거하려면 3번 정도 데쳐야 한다. 냄비에 물을 붓고 끓으면 레몬 슬라이스를 넣고 물이 다시 끓으면 따라 버리는 작업을 3번 반복하면 된다. 여기서는 레몬 1개를 준비하고 껍질은 제스트를, 알맹이는 슬라이스를 내서 사용한다.

>>> *How to make*

초콜릿 가나슈

1 냄비에 생크림과 설탕을 넣고 약한 불에서 끓이다.

2 다크 초콜릿은 잘게 썰어 그릇에 담은 뒤 레몬 제스트를 넣는다.

3 끓인 생크림의 절반을 2에 붓고 초콜릿이 녹을 때까지 기다린 뒤 중앙에서부터 스패출러로 천천히 젓는다. 남은 크림을 마저 붓고 부드럽고 윤기 나는 가나슈가 만들어질 때까지 천천히 젓는다.

3 여기에 잘게 자른 버터를 넣고 버터가 녹을 때까지 저어준다. 그릇에 랩을 씌워서 상온에 두면 가나슈가 굳는다.

레몬 절임

냄비에 물과 설탕을 넣고 끓이다가 끓으면 레몬 슬라이스를 넣는다. 약한 불에서 1시간 정도 졸인 뒤 식힌다.

코크

22쪽 스위트 마카롱 코크 레시피에 따라 코크를 만든다. 1번 과정에서 아몬드 가루와 슈거파우더를 섞은 뒤 코코아 분말 20g을 더한다.

마카롱 완성하기

1 지름 8mm인 둥근 깍지를 끼운 짤주머니에 가나슈를 넣고, 코크 위에 도넛 모양으로 짠다.

2 중앙에 레몬 절임 조각을 올리고, 같은 크기의 코크를 찾아 붙인다.

프람브와즈 마카롱
Macaron framboise

분량 약 40개

재료

필링 : 프람브와즈 크림
젤라틴 … 1장
달걀 … 2개
설탕 … 100g
옥수수 전분 … 10g
냉동 라즈베리 … 210g
버터 조각 … 140g

코크
빨간색 색소
무가당 코코아 분말 … 5g

>>> *How to make*

프람브와즈 크림

1 젤라틴은 아주 차가운 물에 넣어 불린다.

2 바닥이 두꺼운 냄비에 달걀과 설탕, 옥수수 전분을 넣고 섞는다. 다음 라즈베리를 넣고 중간 불에서 계속 저으면서 끓이다가 끓기 시작하면서 걸쭉해지면 냄비를 불에서 내린다.

3 젤라틴은 물기를 뺀 뒤 으깨고, 버터 조각과 함께 **2**에 넣어 거품기로 휘핑한다.

4 크림을 체에 한 번 거른 뒤 속이 깊은 그릇(다른 것도 상관없다.)에 담는다. 부드럽고 윤기 나는 크림이 완성될 때까지 핸드 블렌더로 약 1분 정도 잘 섞어준다. 크림은 랩을 씌워 2시간 이상 냉장고에 보관한다.

코크

22쪽 스위트 마카롱 코크 레시피에 따라 코크를 만든다.

마카롱 완성하기

1 지름 8mm인 둥근 깍지를 끼운 짤주머니에 프람브와즈 크림을 넣고, 코크 중앙에 둥근 모양으로 짠다.

2 같은 크기의 코크를 찾아 붙인다.

스트로베리 마카롱
Macaron fraise

Macarons sucrés classiques

분량 약 40개

재료
필링 : 딸기 가나슈
화이트 초콜릿 … 300g
딸기 … 250g
딸기 시럽 … 20g

코크
빨간색 색소

>>> *How to make*

딸기 가나슈

1 화이트 초콜릿을 잘게 썰어 그릇에 담고 중탕해 녹인다.

2 딸기는 꼭지를 제거한 뒤 소형 믹서기에 넣고, 여기에 딸기 시럽을 붓는다. 재료를 곱게 갈아준 뒤 아주 고운 체에 걸러 씨를 제거한다.

3 냄비에 옮겨 담아 끓인 뒤 두 번에 나눠 **1**에 붓는다. 부을 때마다 거품기로 계속 저어줘야 한다. 재료가 골고루 섞이면 다른 그릇에 옮겨 담은 뒤 3시간 이상 냉장고에 보관한다.

코크

22쪽 스위트 마카롱 코크 레시피에 따라 코크를 만든다.

마카롱 완성하기

1 지름 8mm인 둥근 깍지를 끼운 짤주머니에 딸기 가나슈를 넣고, 코크 중앙에 둥근 모양으로 짠다.

2 같은 크기의 코크를 찾아 붙인다.

블랙커런트 마카롱
Macaron cassis

분량 약 40개

재료

필링 : 블랙커런트 가나슈
화이트 초콜릿 … 250g
생 블랙커런트(혹은 냉동 블랙커런트)
 … 250~300g

코크
파란색 색소
빨간색 색소

>>> *How to make*

블랙커런트 가나슈

1 화이트 초콜릿을 잘게 썰어 그릇에 담고 중탕해 녹인다.

2 블랙커런트를 갈아서 약 220g의 즙을 만든다.

3 **2**를 냄비에 넣고 끓인 뒤 **1**에 조금씩 붓는다. 이때 재료가 골고루 섞이도록 계속 저어준다. 완성된 가나슈는 냉장고에서 2시간 이상 보관한다.

코크

22쪽 스위트 마카롱 코크 레시피에 따라 코크를 만든다.

마카롱 완성하기

1 지름 8mm인 둥근 깍지를 끼운 짤주머니에 가나슈를 넣고, 코크 중앙에 둥근 모양으로 짠다.

2 같은 크기의 코크를 찾아 붙인다.

멀베리 마카롱
Macaron mûre

분량 약 40개

재료

필링 : 멀베리 잼
오디(잘게 자른 냉동 오디를 사용해도 좋다.) … 300g
설탕 … 100g
옥수수 전분 … 10g
레몬즙 … 레몬 ¼개 분량
젤라틴 … 1장
크렘 드 뮤르(오디 리큐어) … 1작은술

코크
빨간색 색소

>>> *How to make*

멀베리 잼

1 젤라틴은 아주 찬물에 넣어 불린다.

2 바닥이 두꺼운 냄비에 오디와 설탕, 옥수수 전분을 넣는다. 핸드 블렌더로 재료를 곱게 갈아주면 더 부드러운 잼을 만들 수 있다.

3 재료를 골고루 섞은 뒤 냄비를 중간 불에 올리고, 끓을 때까지 미니 거품기로 저어준다. 여기에 체에 걸러 씨를 제거한 레몬즙을 넣고 2분 정도 더 끓인다.

4 불린 젤라틴은 물기를 뺀 뒤 으깨서 **3**에 넣는다. 잼을 조금 덜어 차가운 접시에 올리면 완성됐는지 확인할 수 있는데, 완성된 잼은 접시에서 흐르지 않고 빠른 속도로 덩어리진다.

5 잼에 크렘 드 뮤르를 넣고 섞은 뒤 다른 그릇에 옮겨 냉장고에 넣고 1시간 정도 보관한다.

코크

22쪽 스위트 마카롱 코크 레시피에 따라 코크를 만든다.

마카롱 완성하기

1 지름 8mm인 둥근 깍지를 끼운 짤주머니에 멀베리 잼을 넣고, 코크 중앙에 둥근 모양으로 짠다.

2 같은 크기의 코크를 찾아 붙인다.

만다린 마카롱
Macaron mandarine

분량 약 40개

재료

필링 : 만다린 콩포트
물 ⋯ 250g
설탕 ⋯ 125g
올스파이스 ⋯ 1꼬집
레몬즙 ⋯ ½개 분량
만다린(귤로 대체 가능) ⋯ 250g

코크
노란색 색소
슈거파우더

>>> *How to make*

만다린 콩포트

1 냄비에 물과 설탕, 올스파이스, 레몬즙을 넣고 약한 불에 끓여 시럽을 만든다.

2 만다린은 2mm 두께의 슬라이스로 자른 뒤 **1**에 넣는다. 시럽의 양이 어느 정도 줄어들 때까지 몇 분 더 졸인 다음 불을 끄고 만다린 슬라이스에 향이 잘 배도록 1시간 정도 그대로 둔다.

3 만다린 슬라이스를 건져 체에 넣고 물기를 뺀 뒤 흡수지 위에 올린다. 그 위에 다시 흡수지를 1장 더 올려 살짝 눌러주면 남은 수분을 제거할 수 있다.

4 큰 칼로 만다린을 잘게 으깬 뒤 유산지를 깐 오븐 팬에 올리고, 70℃로 예열해 놓은 오븐에서 1시간 이상 건조시킨다.

코크

22쪽 스위트 마카롱 코크 레시피에 따라 코크를 만든다.

마카롱 만들기

1 코크를 따라 티스푼으로 둥글게 콩포트를 바른다.

2 같은 크기의 코크를 찾아 붙인 뒤 가볍게 눌러준다.

3 마카롱 위에 아주 얇은 베이킹용 스텐실을 올리고 슈거파우더로 장식한다.

오렌지 아마레티

Amaretti à l'orange

Macarons sucrés classiques

분량 약 40개

재료
설탕 … 225g
아몬드 가루 … 140g
오랑주 콩피 … 50g
달걀 흰자 … 4개 분량(2개씩 나눠 둔다.)
슈거파우더

오랑주 콩피(orange confite)
오렌지 슬라이스를 설탕 시럽에 졸인 후 말린 것을 의미한다.

>>> *How to make*

하루 전,

1 설탕 175g과 아몬드 가루, 오랑주 콩피를 섞는다.

2 여기에 달걀 흰자 2개를 넣고 반죽이 덩어리지지 않고 부드러워질 때까지 골고루 섞어준다.

3 남은 달걀 흰자 2개는 믹서기에 넣고 거품을 낸다. 흰자 거품에 설탕 50g을 천천히 넣어 풍성하고 속이 꽉 찬 머랭을 만든다.

4 2와 3을 잘 섞어 밀도가 높은 단단한 반죽을 만들고, 둥근 깍지를 낀 짤주머니에 반죽을 채운다.

5 유산지를 깐 오븐 팬 위에 1cm 간격을 두고 작은 동그라미 모양으로 짠다.

6 슈거파우더를 고운 체에 거른 뒤, 반죽 위에 듬뿍 뿌리고 하룻밤 동안 건조시킨다.

다음 날,

1 손가락 끝으로 반죽 윗부분을 한 번 꾹 눌러준다.

2 팬을 오븐에 넣고 반죽이 노릇해질 때까지 약 10분간 굽는다. 굽기가 끝나면 팬을 꺼내 유산지 아래에 물을 붓는다. 유산지가 물에 젖으면 아마레티가 종이에서 쉽게 떨어지고, 아마레티끼리 붙일 때도 훨씬 잘 붙는다.

3 아마레티가 완전히 식을 때까지 기다렸다가 2개씩 붙인다. 굽고 난 뒤 바로 수분을 공급해 주는 간단한 작업만으로 아마레티를 잘 붙일 수 있다. 붙인 아마레티가 떨어지지 않도록 접시 위에 조심스럽게 내려 놓고 1시간 정도 건조시킨 후 먹는다.

클래식 마카롱
Macaron à l'ancienne

분량 약 60개

재료
필링
아몬드 가루 ··· 200g
설탕 ··· 300g
꿀 ··· 15g
비터 아몬드 향료 ··· 약간
달걀 흰자 ··· 달걀 4개 분량
슈거파우더

>>> *How to make*

1 오븐을 160℃로 예열해 놓는다.

2 아몬드 가루와 설탕, 꿀, 비터 아몬드 향료(향이 강하므로 너무 많이 넣지 않도록 주의한다.), 달걀 흰자를 그릇에 담고 걸쭉한 반죽이 될 때까지 스패츌러로 골고루 섞어준다. 이때 재료가 담긴 그릇을 냄비에 넣고 중탕하면서 스패츌러로 저어준다. 중탕을 하면 반죽이 조금 뻑뻑해지는데, 반죽의 온도가 손가락의 온도보다 약간 높아지면 냄비에서 그릇을 꺼낸다.

3 반죽을 2큰술 정도 떼어내 따로 보관한다.

4 유산지를 깐 오븐 팬 위에 둥근 깍지를 끼운 짤주머니로 동그랗고 납작한 모양의 반죽을 짠다. 물에 적신 키친타월을 반죽 위에 잠시 올려 수분을 공급해준 뒤 슈거파우더를 뿌리면 부드럽고 윤기 나는 마카롱을 만들 수 있다.

5 팬을 오븐에 넣고 색 변화를 관찰하면서 약 20분간 굽는다. 반죽이 골고루 익어 균일한 색을 띠어야 한다.

6 굽기가 끝나면 유산지 밑으로 물 1컵을 부어준 뒤 구운 반죽 위에 다시 한 번 슈거파우더를 뿌려준다. 코크가 완전히 식을 때까지 기다린다.

7 전체 코크의 개수를 반으로 나눠 한 쪽에만 따로 떼어놓은 반죽을 조금씩 바른다. 반죽을 바를 때는 작은 칼을 이용한다. 남은 코크를 위에 붙이면 필링이 보이지 않는 마카롱이 완성된다.

마카롱 피에스 몽테

Pièce montée de macarons

재료

다크 초콜릿(카카오 함량 50~60% 이상)
　… 250g

마카롱 … 여러 개(보통 2가지 색으로 정
　하는 것이 좋으며, 마카롱의 개수는
　받침대의 크기에 따라 다르지만 먹
　음직스럽게 보이게 하려면 적어도
　40~50개는 필요하다.)

>>> *How to make*

1 잘게 썬 다크 초콜릿을 중탕하거나 전자레인지에 돌려 녹인다.

2 초콜릿이 완전히 녹아(약 50~55℃) 부드러워지면 온도가 28~29℃
로 내려갈 때까지 계속 저어준다. 초콜릿이 걸쭉해지면서 손가락을
넣었을 때 약간 차가운 정도가 되면 그만 젓는다.

3 초콜릿의 온도가 31~32℃가 될 때까지 살짝 데워준 뒤 브러시로 피
에스 몽테 받침대에 아주 얇게 바른다. 일정한 두께로 초콜릿을 바른
뒤 굳을 때까지 기다린다.

4 받침대에 바른 초콜릿이 굳으면 마카롱을 붙이는데, 붙이기 전에 각
마카롱의 밑부분에 초콜릿을 살짝 찍은 뒤 받침대 밑에서부터 차례
로 붙이면 된다. 2가지 색을 번갈아 붙이되 마카롱 사이에 빈 공간이
생기지 않도록 꼼꼼하게 붙인다.

5 제일 아래층에 마카롱을 다 붙이면 아래층 마카롱 사이 윗부분에 마
카롱을 붙여준다. 윗부분까지 완성되면 받침대 꼭대기에 마카롱을
고정시켜 마무리한다.

피에스 몽테(Pièce montée)

피에스는 '작은 조각', 몽테는 '쌓다'라는
뜻으로 크고 높게 쌓아올린 장식 과자
를 말한다. 누가, 초콜릿, 슈 등 각종 과
자를 조화시켜 만든 작품이다.

Macarons
sucrés
gastronomiques

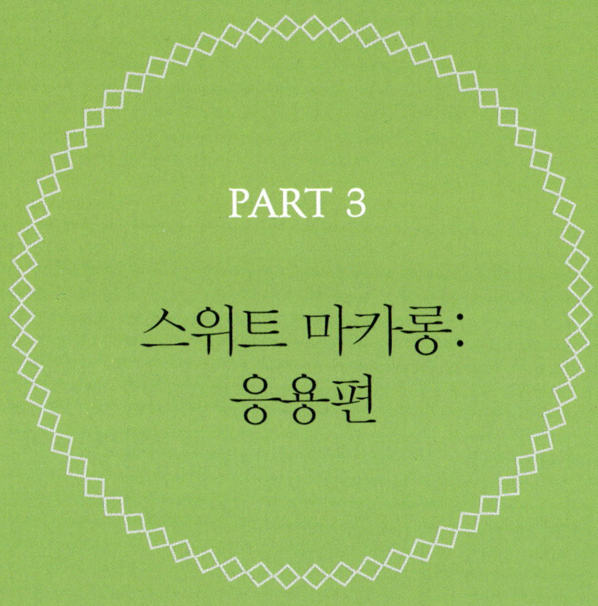

PART 3

스위트 마카롱:
응용편

멜론 마카롱
Macaron melon

macaron sucrés gastronomiques

분량 약 40개

재료

필링 : 사프란 가나슈
화이트 초콜릿 … 200g
액상 생크림(유지방 함량 30% 이상)
 … 200g
바닐라빈(씨를 제거한 것) … ½개
사프란 … 1꼬집

필링 : 멜론 젤리
젤라틴 … 4g
멜론 퓌레 … 150g
레몬즙 … 1작은술
멜론 리큐어 … 10g

코크
오렌지색 색소(혹은 빨간색 색소+노란색
색소)

>>> *How to make*

사프란 가나슈

1 화이트 초콜릿을 잘게 썰어 그릇에 담는다.

2 냄비에 생크림을 붓고 바닐라빈을 넣어 끓인 뒤 **1**에 조금씩 붓는다.
생크림을 부을 때마다 스패츌러로 잘 저어준다.

3 가루로 된 사프란을 넣고 골고루 저은 뒤 체에 거른다.

멜론 젤리

1 젤라틴을 아주 차가운 물에 넣어 불린다.

2 멜론 퓌레를 체에 한 번 거른 뒤 레몬즙을 섞어 멜론즙을 만든다.

3 냄비에 물기를 뺀 젤라틴과 멜론 리큐어를 넣고 **2**를 조금 부은 뒤 약
한 불에 올린다. 젤라틴이 완전히 녹을 때까지 스패츌러로 골고루 저
어준다.

4 냄비에 멜론즙을 조금 더 넣고, 잘 저은 후 남은 멜론즙도 마저 부어
잘 섞는다. 완성된 젤리는 3시간 이상 냉장고에 보관한다.

코크

22쪽 스위트 마카롱 코크 레시피에 따라 코크를 만든다.

마카롱 완성하기

1 지름 8mm인 둥근 깍지를 끼운 짤주머니에 가나슈를 넣고, 코크 위에
도넛 모양으로 짠다.

2 그 중앙에 멜론 젤리를 올린다.

3 같은 크기의 코크를 찾아 붙인다.

망고 마카롱
Macaron mangue

분량 약 40개

재료
필링 : 망고 크림
망고 과육 ⋯ 220g(망고 2개 분량)
젤라틴 ⋯ 2장
달걀 ⋯ 2개
설탕 ⋯ 100g
옥수수 전분 ⋯ 10g
잘게 썬 생강 ⋯ ½작은술
버터 ⋯ 140g
노란색 색소

코크
오렌지 색소

>>> *How to make*

망고 크림

1 망고 과육을 소형 믹서기에 넣고 곱게 간 뒤 체에 넣고 거른다.

2 젤라틴은 아주 차가운 물에 넣어 불린다.

3 바닥이 두꺼운 냄비에 달걀과 설탕, 옥수수 전분을 넣고 가볍게 휘핑한다.

4 여기에 **1**과 생강을 넣고 중간 불에서 계속 저어가며 끓여준다. 크림이 끓기 시작하면서 약간 걸쭉해지면 불을 끈다.

5 **4**에 물기를 빼고 으깬 젤라틴과 노란색 색소, 크림 질감으로 녹인 버터를 넣고 골고루 섞어준다.

6 크림을 체에 한 번 거른 뒤 얇고 벽이 높은 그릇에 옮겨 담는다. 핸드 믹서기로 1분 정도 섞어 부드럽고 윤기 나는 크림을 만든다. 그릇에 랩을 씌워 냉장고에 2시간 이상 보관한다.

코크

22쪽 스위트 마카롱 코크 레시피에 따라 코크를 만든다.

마카롱 완성하기

1 지름 8mm인 둥근 깍지를 끼운 짤주머니에 망고 크림을 넣고, 코크 위에 도넛 모양으로 짠다.

2 같은 크기의 코크를 찾아 붙인다.

카푸치노 마카롱

Macaron cappuccino

macaron sucrés gastronomiques

분량 약 40개

재료

필링 : 카푸치노 크림
밀크 초콜릿 … 375g
액상 생크림(유지방 함량 30% 이상)
　… 300g
커피가루 … 15g

코크
커피 농축액
커피가루

>>> *How to make*

카푸치노 크림

1 잘게 썬 밀크 초콜릿을 중탕해서 반 정도 녹인다.

2 냄비에 생크림을 붓고 끓인 뒤 커피가루를 넣는다. 뚜껑을 열고 우려 낸 뒤 체에 한 번 거르고, 약간 미지근해지면(너무 식은 경우엔 살짝 데워서 사용한다.) 조금씩 **1**에 붓는다. 부드럽고 윤기 나는 가나슈가 완성될 때까지 잘 저어준 뒤 식을 때까지 기다린다.

3 그릇에 랩을 씌워서 상온에 두면 가나슈가 굳는데, 사용하기 전, 거 품기로 휘핑해 크림 형태로 풀어서 사용한다. 크림이 너무 뻑뻑하면 전자레인지에 살짝 돌리거나 중탕해서 열을 가한다. 중탕할 때는 조 금씩 저으면서 녹인다.

코크

22쪽 스위트 마카롱 코크 레시피에 따라 코크를 만든다. 반죽을 굽기 전, 반죽 위에 커피가루를 뿌려준다.

마카롱 완성하기

1 지름 8mm인 둥근 깍지를 끼운 짤주머니에 카푸치노 크림을 넣고, 코크 중앙에 동그란 모양으로 짠다.

2 같은 크기의 코크를 찾아 붙인다.

밀크 초콜릿 마카롱

Macaron chocolat au lait spéculoos

macaron sucrés gastronomiques

분량 약 40개

재료

필링 : 초콜릿 가나슈
액상 생크림(유지방 함량 30% 이상)
　… 330g
밀크 초콜릿 … 300g

코크
커피 농축액 혹은 갈색 색소
무가당 코코아 분말 … 20g
로투스 스프레드(혹은 누텔라) … 150g

>>> *How to make*

초콜릿 가나슈

1 냄비에 생크림을 붓고 약한 불에서 끓인다.

2 밀크 초콜릿은 잘게 잘라 그릇에 담는다.

3 생크림의 반을 **2**에 붓고, 초콜릿이 녹을 때까지 잠시 기다린다. 초콜릿이 완전히 녹으면 그릇 중앙에서부터 스패츌러로 천천히 저어 크림과 골고루 섞어준다.

4 남은 크림을 마저 부은 뒤 천천히 저어 부드럽고 윤기 나는 크림을 만든다. 그릇에 랩을 씌우고 가나슈가 굳을 때까지 상온에 둔다.

코크

22쪽 스위트 마카롱 코크 레시피에 따라 코크를 만든다. 1번 과정에서 아몬드 가루와 슈거파우더를 섞은 뒤 코코아 분말 20g을 넣고 섞는다.

마카롱 완성하기

1 지름 8mm인 둥근 깍지를 끼운 짤주머니에 가나슈를 넣고, 코크 위에 도넛 모양으로 짠다.

2 그 중앙에 로투스 스프레드를 바른다.

3 같은 크기의 코크를 찾아 붙인다.

재스민 초콜릿 마카롱

Macaron chocolat thé au jasmin

분량 약 40개

재료
필링 : 초콜릿 가나슈
액상 생크림(유지방 함량 30% 이상)
　… 300g
다크 초콜릿 … 340g
재스민티 … 6g
바닐라빈(씨를 제거한 것) … ¼개

코크
무가당 코코아 분말 … 30g

>>> *How to make*

초콜릿 가나슈

1 냄비에 생크림을 붓고 약한 불에 올려 데운다.

2 다크 초콜릿은 잘게 썰어 그릇에 담는다.

3 1에 재스민티와 바닐라빈을 넣고 뚜껑을 연 채 10분간 우려낸다.

4 티를 우린 크림은 체에 한 번 거른 뒤 우선 ⅓만 **2**에 붓는다. 초콜릿이 녹을 때까지 잠시 기다린다(크림이 너무 식었다면 살짝 데워준다.). 그릇 중앙에서부터 스패츌러로 천천히 저어 크림과 초콜릿을 골고루 섞어준다.

5 남은 크림은 두 번에 나눠 붓는다. 그릇에 랩을 씌우고 가나슈가 굳을 때까지 상온에 둔다.

코크

22쪽 스위트 마카롱 코크 레시피에 따라 코크를 만든다. 1번 과정에서 아몬드 가루와 슈거파우더를 섞은 뒤 코코아 분말을 넣고 섞는다.

마카롱 완성하기

1 지름 8mm인 둥근 깍지를 끼운 짤주머니에 가나슈를 넣고, 코크 중앙에 동그란 모양으로 짠다.

2 같은 크기의 코크를 찾아 붙인다.

Tip 코크 위에 작은 스텐실을 올린 뒤 무가당 코코아 분말을 살짝 뿌려 장식하면 마카롱이 훨씬 더 먹음직스러워 보인다.

바나나 캐러멜 마카롱

Macaron caramel banane

macaron sucrés gastronomiques

분량 약 40개

재료
필링 : 바나나 캐러멜
껍질 벗긴 바나나 … 200g
레몬즙 … 2큰술
브라운럼 … 1큰술
화이트 초콜릿 … 280g
설탕 … 80g
액상 생크림(유지방 함량 30% 이상)
　… 50g
버터 조각 … 40g

코크
노란색 색소
빨간색 색소
무가당 코코아 분말 … 40g

>>> *How to make*

바나나 캐러멜

1 바나나와 레몬즙, 브라운럼을 한데 넣고 블렌더로 갈아준다.

2 화이트 초콜릿은 잘게 썰어 그릇에 담는다.

3 바닥이 두꺼운 냄비에 설탕을 넣고 진한 캐러멜 색이 될 때까지 중간 불에서 졸인다. 설탕 색이 변하면 불을 끄고, 더 이상 시럽이 끓지 않 도록 생크림을 조금씩 부어가며 섞는다.

4 여기에 **1**을 붓고 스패츌러로 잘 섞어준다.

5 잘 섞은 재료를 **2**에 모두 붓는다. 부드럽고 윤기가 날 때까지 저어준 다. 그릇에 랩을 씌워 상온에 두면 캐러멜이 굳는다.

코크

22쪽 스위트 마카롱 코크 레시피에 따라 코크를 만든다. 반죽을 굽기 전, 바나나의 검은 반점처럼 보이도록 코코아 분말을 코크 반죽 위에 뿌려준다.

마카롱 완성하기

1 지름 8mm인 둥근 깍지를 끼운 짤주머니에 바나나 캐러멜을 넣고, 코크 중앙에 동그란 모양으로 짠다.

2 같은 크기의 코크를 찾아 붙인다.

애플 캐러멜 마카롱

Macaron caramel pomme

macaron sucrés gastronomiques

분량 약 40개

재료

필링 : 가염버터 캐러멜
설탕 … 150g
액상 생크림(유지방 함량 30% 이상)
　… 150g
가염버터 … 180g

사과 절임
핑크레이디 사과 … 2알
설탕 … 30g
버터 … 10g
브라운 럼 … 1작은술

코크
커피가루 혹은 커피 농축액

핑크레이디(Pink Lady) 사과
핑크 빛을 띠는 단단하고 신맛이 강한 사과.

>>> *How to make*

가염버터 캐러멜

1 바닥이 두꺼운 냄비에 설탕을 넣고 중간 불에서 끓인다. 천천히 저으며 졸이다가 설탕이 밝은 갈색을 띠면 더 이상 끓지 않게 생크림을 붓고 계속 저어준다. 이때 재료가 넘치면 화상을 입을 수 있으니 주의한다.

2 재료가 골고루 섞이면 캐러멜 시럽의 온도가 108℃가 됐는지 확인한다(온도계가 없을 경우 2분 정도 끓이면 된다.). 불에서 내린 뒤 시럽이 더 이상 끓지 않도록 차가운 버터 조각을 넣고 잘 섞어준다.

3 깨끗한 그릇에 옮겨 냉장고에 넣어 굳힌다.

사과 절임

1 껍질을 벗긴 뒤 가로, 세로 각 5mm의 작은 조각으로 자른다.

2 팬에 설탕을 넣고 약한 불에 녹여 캐러멜 형태로 만든다.

3 여기에 사과 조각을 넣고 약한 불에서 10분 정도 익힌 뒤 버터를 넣고 2분 정도 더 끓인다. 완성된 사과는 흡수지 위에 올려 놓는다.

코크

22쪽 스위트 마카롱 코크 레시피에 따라 코크를 만든다.

마카롱 완성하기

1 지름 8mm인 둥근 깍지를 끼운 짤주머니에 캐러멜을 넣고, 코크 위에 도넛 모양으로 짠다.

2 그 중앙에 사과 절임을 올린다.

3 같은 크기의 코크를 찾아 붙인다.

christophe felder pâtissier

발사믹 캐러멜 마카롱
Macaron caramel balsamique

분량 약 40개

재료

필링 : 발사믹 캐러멜
화이트 초콜릿 … 280g
설탕 … 80g
액상 생크림(유지방 함량 30% 이상)
 … 50g
껍질 벗긴 바나나 … 200g
발사믹 식초 … 3큰술
버터 … 40g

코크
빨간색 색소
아몬드 가루

>>> *How to make*

발사믹 캐러멜

1 화이트 초콜릿을 잘게 썰어 그릇에 담는다.

2 바닥이 두꺼운 냄비에 설탕을 넣고 중간 불에 올려 녹인다. 설탕이 완전히 녹아 밝은 갈색을 띨 때까지 계속 졸인다.

3 설탕이 밝은 갈색으로 변하면 불을 끄고 더 끓지 않도록 생크림을 붓는다. 여기에 바나나와 발사믹 식초를 넣고 스패츌러로 골고루 섞는다.

4 여기에 부드러운 버터 조각을 넣고 스패츌러로 저어준다.

5 완성된 캐러멜을 **1**에 붓고 천천히 섞어준다. 핸드 믹서기로 한 번 더 섞어주면 부드럽고 윤기 나는 캐러멜이 완성된다. 그릇에 담은 뒤 랩을 씌워 냉장고에 보관한다.

코크

22쪽 스위트 마카롱 코크 레시피에 따라 코크를 만든다.

마카롱 완성하기

1 지름 8mm인 둥근 깍지를 끼운 짤주머니에 캐러멜을 넣고, 코크 중앙에 동그란 모양으로 짠다 .

2 같은 크기의 코크를 찾아 붙인다.

3 완성된 마카롱의 옆면을 살짝 볶은 아몬드 가루 위에 굴려 장식한다.

망고 캐러멜 마카롱
Macaron mangue caramel

분량 1개(약 8인분)

재료

필링 : 가염버터 무슬린 크림
가염버터 캐러멜 ⋯ 500g(43쪽 레시피
　참고, 버터는 100g을 사용한다.)
버터 ⋯ 120g

필링 : 망고 절임
망고 ⋯ 1개
꿀 ⋯ 1큰술
오렌지즙 ⋯ 오렌지 1개 분량
오렌지 제스트 ⋯ 오렌지 1개 분량

코크
노란색 색소
빨간색 색소
약간의 과일

>>> *How to make*

가염버터 무슬린 크림

1 43쪽을 참고해 가염버터 캐러멜을 만든다.

2 캐러멜이 식을 때까지 기다린 뒤 부드러운 버터를 넣고 핸드 믹서기
로 약 10분간 휘핑한다. 완성된 크림은 상온에 보관한다.

망고 절임

1 망고는 껍질을 벗기고 작은 큐브 모양으로 자른다.

2 팬에 꿀을 넣고 중간 불에서 데우다가 **1**과 오렌지즙, 오렌지 제스트
를 넣고 5분 정도 더 끓인다. 그릇에 담아 냉장고에 보관해둔다.

코크

22쪽 스위트 마카롱 코크 만들기에 따라 코크를 만든다. 11번 과정에
서 유산지에 지름 약 18~20cm인 원을 2개 그린다. 지름 약 8mm인 둥
근 깍지를 끼운 짤주머니에 반죽을 담고 2개의 원 안에 나선형으로 반
죽을 짠다. 오븐에 넣고 15~20분간 굽는데, 중간에 팬의 방향을 꼭 바
꿔줘야 한다.

마카롱 완성하기

1 짤주머니에 무슬린 크림을 넣고 코크 위에 도넛 모양으로 짠다. 가운
데에는 망고 절임을 골고루 올린다. 망고 절임 위에 다시 한 번 무슬
린 크림을 얇게 바르고, 위에 남은 코크를 덮어준다.

2 냉장고에서 1시간 이상 보관한 후 여분의 과일을 올려 장식한다.

레몬 파인애플 마카롱
Macaron citron ananas

분량 약 40개

재료
필링 : 레몬 크림
젤라틴 … 1장
달걀 … 3개(1개 당 무게 약 60g 정도)
설탕 … 13g
레몬즙 … 130g
버터 … 170g

필링 : 파인애플 절임
파인애플 … 200g(과육만)
설탕 … 20g
버터 … 10g
브라운럼 … 1작은술

코크
노란색 색소
빨간색 색소
(굽기 전, 브러시에 빨간색 색소를 1방울
묻힌 후 코크 반죽 위에 흩뿌린다.)

>>> *How to make*

레몬 크림
1 젤라틴을 아주 차가운 물에 넣고 불린다.

2 바닥이 두꺼운 냄비에 달걀과 설탕을 넣고 가볍게 휘핑한 뒤 레몬즙을 넣는다. 중간 불에서 계속 저어가며 끓을 때까지 기다린다.

3 크림이 끓으면 불을 끄고 물기를 빼 으깬 젤라틴과 부드러운 버터를 넣고 핸드 블렌더로 섞는다.

4 크림을 체에 한 번 걸러 얇고 벽이 높은 그릇에 옮겨 담은 뒤 핸드 믹서기로 약 1분 정도 섞어 부드러운 크림을 만든다. 그릇에 랩을 씌워 냉장고에 2시간 이상 보관한다.

파인애플 절임
1 파인애플은 가로, 세로 각 5mm 정도로 잘게 썬다.

2 팬에 설탕을 넣고 약한 불에서 캐러멜 형태가 될 때까지 둔다. 여기에 파인애플 조각을 넣고 약한 불에서 5분 정도 더 졸인다. 버터와 럼을 넣고 2분 정도 둔 뒤 불을 끄고 냄비를 행주 위에 올려둔다.

코크
22쪽 스위트 마카롱 코크 레시피에 따라 코크를 만든다.

마카롱 완성하기
1 지름 8mm인 둥근 깍지를 끼운 짤주머니에 레몬 크림을 넣고, 코크 위에 도넛 모양으로 짠다.

2 그 중앙에 파인애플 절임을 올린다.

3 같은 크기의 코크를 찾아 붙인다.

레몬 바질 마카롱
Macaron citron jaune basilic

macaron sucrés gastronomiques

분량 약 40개

재료
필링 : 레몬 바질 크림
젤라틴 ⋯ 1장
달걀 ⋯ 3개
설탕 ⋯ 135g
레몬즙 ⋯ 130g
레몬 제스트 ⋯ 약간
바질잎 ⋯ 10장
버터 조각 ⋯ 175g
아몬드 가루 ⋯ 30g

코크
노란색 색소

>>> *How to make*

레몬 바질 크림

1 젤라틴을 아주 차가운 물에 넣어 불린다.

2 바닥이 두꺼운 냄비에 달걀과 설탕을 넣고 가볍게 휘핑해준다.

3 여기에 체에 거른 레몬즙과 레몬 제스트를 넣은 뒤 중간 불에서 계속 저어준다.

4 손으로 찢은 바질잎을 넣고 크림이 끓을 때까지 기다린다. 한 번 끓고 나면 커스터드 크림처럼 쫀득해진다.

5 냄비를 불에서 내리고 물기를 빼 으깨둔 젤라틴을 넣어 섞는다. 아주 고운 체에 거른 뒤 버터를 넣는다.

6 핸드 믹서기로 1분간 섞어 부드럽고 윤기 나는 크림이 완성되면 아몬드 가루를 넣고 스패츌러로 골고루 저어준다. 그릇에 랩을 씌우고 냉장고에 2시간 이상 보관한다.

코크

22쪽 스위트 마카롱 코크 레시피에 따라 코크를 만든다.

마카롱 완성하기

1 지름 8mm인 둥근 깍지를 끼운 짤주머니에 크림을 넣고, 코크 중앙에 동그란 모양으로 짠다.

2 같은 크기의 코크를 찾아 붙인다.

Tip 마카롱 만들기 하루 전 크림을 미리 만들어 놓으면 크림이 단단해질 때까지 충분한 시간을 가질 수 있다.

macaron sucrés gastronomiques

분량 약 20개

재료
필링 : 레몬 크림
젤라틴 … 1장
달걀 … 3개
설탕 … 135g
레몬즙 … 130g
레몬 제스트 … 약간
바질잎
버터 조각 … 175g

필링 : 파스티스 프람브와즈 잼
라즈베리 … 500g(250g만 잼에 사용하고
　나머지는 그대로 사용한다.)
설탕 … 150g
펙틴 … 5g
아니스 씨 … 1꼬집
파스티스 … 2큰술
레몬즙 … 10g

코크
노란색 색소
빨간색 색소

>>> *How to make*

레몬 크림

1 젤라틴을 아주 차가운 물에 넣어 불린다.

2 바닥이 두꺼운 냄비에 달걀과 설탕을 넣고 가볍게 휘핑한 뒤 체에 거른 레몬즙과 레몬 제스트를 넣고 중간 불에서 계속 저으며 끓인다. 바질잎을 찢어 넣고 크림이 끓을 때까지 둔다. 한 번 끓고 나면 커스터드 크림처럼 쫀득해진다.

3 냄비를 불에서 내린 뒤 물기를 빼 으깬 젤라틴을 넣고 섞는다.

4 체에 거른 뒤 버터 조각을 넣는다. 핸드 믹서기로 1분간 섞은 뒤 그릇에 옮겨 랩을 씌우고 냉장고에 2시간 이상 보관한다.

파스티스 프람브와즈 잼

1 라즈베리, 펙틴과 섞은 설탕, 아니스 씨를 냄비에 넣고 중간 불에서 5분 정도 끓인다. 스패츌러로 라즈베리를 으깨면서 저어준다.

2 잼의 양이 줄면서 끓기 시작하면 파스티스와 레몬즙을 넣고 다시 끓을 때까지 기다린다. 한 번 끓으면 냉장고에 넣고 굳힌다.

코크

22쪽 스위트 마카롱 코크 만들기에 따라 코크를 만든다. 반죽을 굽기 전, 브러시에 빨간색 색소를 묻혀 반죽 위에 가볍게 흩뿌린다.

마카롱 완성하기

1 코크 위에 잼을 얇게 바르고, 그 위에 라즈베리 5개를 올린다.

2 지름 8mm인 둥근 깍지를 끼운 짤주머니에 레몬 크림을 넣고, 라즈베리 사이사이에 짠 뒤 코크 중앙에 동그랗게 한 번 더 짠다.

3 같은 크기의 코크를 찾아 붙인다.

녹차 딸기 마카롱
Macaron fraise thé vert

macaron sucrés gastronomiques

분량 약 40개

재료
필링 : 딸기 젤리
젤라틴 … 5g
딸기 … 200g
설탕 … 50g
딸기 리큐어(혹은 오렌지 리큐어) … 5g
흑후춧가루(그라인더 1바퀴 돌린 양)

필링 : 마차 가나슈
화이트 초콜릿 … 230g
액상 생크림(유지방 함량 30% 이상)
　… 200g
설탕 … 10g
마차가루 … 15g

코크
초록색 색소
빨간색 색소

>>> *How to make*

딸기 젤리
1 젤라틴을 아주 차가운 물에 넣어 불린다.
2 소형 믹서기에 딸기와 설탕을 넣어 아주 곱게 간 뒤 체에 거른다.
3 냄비에 물기를 빼 으깬 젤라틴, 리큐어를 넣고, **2**는 조금만 넣은 뒤 약한 불에서 잘 저으며 끓여준다.
4 남은 딸기를 조금 더 넣고 섞은 뒤 나머지도 마저 붓는다. 여기에 후추를 뿌리고 냉장고에 3시간 이상 보관한다.

마차 가나슈
1 화이트 초콜릿을 아주 잘게 썬 뒤 그릇에 담는다.
2 냄비에 생크림과 설탕을 넣고 약한 불에서 끓인 뒤 **1**에 조금씩 붓는다. 크림을 부을 때마다 스패츌러로 계속 저어준다.
3 마차가루를 넣고 골고루 섞는다. 완성된 가나슈는 냉장고에 2시간 이상 보관한다.

코크
22쪽 스위트 마카롱 코크 레시피에 따라 코크를 만든다.

마카롱 완성하기
1 지름 8mm인 둥근 깍지를 끼운 짤주머니에 가나슈를 넣고, 코크 위에 도넛 모양으로 짠다.
2 그 중앙에 딸기 젤리를 올려준다.
3 같은 크기의 코크를 찾아 붙인다.

키르슈 붉은 과일 마카롱

Macaron fruits rouges kirsch

macaron sucrés gastronomiques

분량 약 40개

재료

필링 : 키르슈 가나슈
화이트 초콜릿 ⋯ 100g
액상 생크림(유지방 함량 30% 이상)
 ⋯ 200g
키르슈 ⋯ 15g

필링 : 붉은 과일 젤리
젤라틴 ⋯ 5g
다양한 종류의 붉은 과일 ⋯ 200g
설탕 ⋯ 40g
물 ⋯ 20g
흑후춧가루(그라인더 1바퀴 돌린 양)

코크
빨간색 색소
무가당 코코아 분말 ⋯ 1꼬집

>>> *How to make*

키르슈 가나슈

1 잘게 썬 초콜릿을 그릇에 담고 중탕해서 반 정도 녹인다.

2 냄비에 생크림을 붓고 끓인 뒤, **1**에 조금씩 넣으며 섞는다.

3 여기에 키르슈를 넣고 섞은 뒤 체에 한 번 걸러준다.

붉은 과일 젤리

1 젤라틴을 아주 차가운 물에 넣고 불린다.

2 믹서기에 붉은 과일과 설탕을 넣고 갈아 체에 거른다.

3 냄비에 물기를 빼 으깬 젤라틴과 물을 넣고, **2**는 조금만 넣은 뒤 약한 불에서 끓인다. 끓이는 동안 스패츌러로 잘 저어준다.

4 과일을 두 번에 나눠 마저 넣고, 후춧가루를 뿌린 뒤 골고루 섞어준다. 완성된 젤리는 냉장고에 3시간 이상 보관한다.

코크

22쪽 스위트 마카롱 코크 레시피에 따라 코크를 만든다. 6번 과정에서 반죽을 반으로 나눠 한 쪽은 빨간색 색소를, 한 쪽은 무가당 코코아 분말 1꼬집을 넣는다.

마카롱 완성하기

1 지름 8mm인 둥근 깍지를 끼운 짤주머니에 가나슈를 채우고, 코크 위에 도넛 모양으로 짠다.

2 그 중앙에 과일 젤리를 올린다.

3 같은 크기의 코크를 찾아 붙인다.

아니스 프람브와즈 마카롱

Macaron framboise anis

분량 약 40개

재료

필링 : 라즈베리 잼
라즈베리 혹은 냉동 라즈베리(라즈베리
    조각도 사용 가능) … 300g
설탕 … 100g
옥수수 전분 … 10g
레몬즙 … 레몬 1개 분량
젤라틴 … 1장
파스티스 … 1작은술
곱게 간 아니스 씨 … 1작은술

장식
그린 아니스 … 5g
장식용 분홍색 설탕

>>> *How to make*

라즈베리 잼

1 젤라틴을 아주 차가운 물에 불린다.

2 바닥이 두꺼운 냄비에 라즈베리와 설탕, 옥수수 전분을 넣고, 중간
불에서 핸드 블렌더로 계속 갈아 윤기 나는 잼을 만든다. 재료가 잘
섞이면 중간 불에서 계속 저으면서 한번 더 끓인다.

3 여기에 체에 내려 씨를 걸러낸 레몬즙과 파스티스를 붓고, 2분 정도
끓인 뒤 물기를 빼 으깬 젤라틴을 넣는다. 잼을 약간 덜어 차가운 접
시에 올리면 완성됐는지 확인할 수 있다. 완성된 잼은 접시에서 흐르
지 않고 금방 덩어리진다. 잼은 냉장고에 바로 보관한다.

코크

22쪽 스위트 마카롱 코크 레시피에 따라 코크를 만든다. 1번 과정에서
아몬드 가루 5g 대신 그린 아니스 5g을 사용하고, 코크가 흰색을 유지
할 수 있도록 오븐 온도를 140℃에 맞춘다.

마카롱 완성하기

1 지름 8mm인 둥근 깍지를 끼운 짤주머니에 라즈베리 잼을 넣고, 코
크 중앙에 동그란 모양으로 짠다.

2 같은 크기의 코크를 찾아 붙이고, 장식용 분홍색 설탕을 흩뿌린다.

밀크 초콜릿 프람브와즈 마카롱

Macaron framboise chocolat au lait

macaron sucrés gastronomiques

분량 약 40개

재료
필링 : 프람브와즈 가나슈
라즈베리 퓌레 … 150g
설탕 … 40g
밀크 초콜릿 … 300g
버터 … 50g
라즈베리 리큐어 … 15g

코크
빨간색 색소
무가당 코코아 분말 … 5g

>>> *How to make*

프람브와즈 가나슈

1 냄비에 라즈베리 퓌레와 설탕을 넣고 끓인다.

2 초콜릿은 잘게 썰어 중탕으로 약간만 녹인다.

3 **1**이 끓으면 **2**에 천천히 부으며 섞는다.

4 초콜릿과 퓌레가 골고루 섞여 부드러워질 때까지 그릇의 중앙에서부터 원을 그리며 저어준다. 재료의 온도가 40℃가 되면 말랑말랑한 버터와 라즈베리 리큐어를 넣는다.

5 가나슈가 좀 더 진득해질 때까지 거품기로 휘핑한 뒤 식을 때까지 기다린다. 그릇에 랩을 씌워 1시간 이상 냉장고에 보관하면 가나슈가 약간 굳는다.

코크

22쪽 스위트 마카롱 코크 레시피에 따라 코크를 만든다. 반죽을 굽기 전, 코코아 분말을 반죽 위에 흩뿌린다.

마카롱 완성하기

1 지름 8mm인 둥근 깍지를 끼운 짤주머니에 가나슈를 넣고, 코크 위에 둥근 모양으로 짠다.

2 같은 크기의 코크를 찾아 붙인다.

무화과 프람브와즈 마카롱
Macaron framboise figue

macaron sucrés gastronomiques

분량 약 40개

재료
필링 : 무화과 잼
말린 무화과 ⋯ 400g
자몽즙 ⋯ 140g
설탕 ⋯ 1큰술
계피가루 ⋯ 1꼬집

라즈베리 ⋯ 150g

코크
파란색 색소
빨간색 색소
초록색 색소

>>> *How to make*

무화과 잼

1 무화과는 블렌더를 이용해 가장 빠른 속도로 갈아준다.
2 자몽즙을 천천히 부은 뒤 설탕과 계피가루를 넣고, 골고루 섞어주면 무화과 잼이 완성된다. 완성된 잼은 상온에 보관한다.

코크

22쪽 스위트 마카롱 코크 레시피에 따라 코크를 만든다.

마카롱 완성하기

1 지름 8mm인 둥근 깍지를 끼운 짤주머니에 무화과 잼을 넣고, 코크 위에 도넛 모양으로 짠 뒤 중앙에 라즈베리 반 조각을 올린다.
2 같은 크기의 코크를 찾아 붙인다.

TIP 생과일을 이용하면 마카롱을 오래 보관하기 힘들다. p.107쪽에 나와 있는 레시피를 기본으로 하되 라즈베리 생과일 대신 파스티스를 뺀 라즈베리 잼을 사용하면 마카롱을 더 오래 두고 먹을 수 있다.

라즈베리 피스타치오 마카롱
Macaron pistache framboise

분량 1개(약 8인분)

재료

필링 : 피스타치오 크림
달걀 ⋯ 2개
달걀 노른자 ⋯ 1개
설탕 ⋯ 80g
피스타치오 페이스트 ⋯ 30g
녹인 버터 ⋯ 230g

필링 : 커스터드 크림
달걀 노른자 ⋯ 1개
설탕 ⋯ 25g
옥수수 전분 ⋯ 10g
우유(전지유) ⋯ 100g
버터 ⋯ 10g

씨가 들어있는 라즈베리 잼 ⋯ 50g
라즈베리 생과일 ⋯ 500g

코크
노란색 색소
초록색 색소
피스타치오(소금 간을 하지 않은, 잘게 부
숴서 사용) ⋯ 65g

>>> *How to make*

피스타치오 크림

1 달걀과 설탕을 핸드 믹서기로 섞은 뒤 중탕한다. 가볍게 거품이 일면 그릇을 꺼내 피스타치오 페이스트를 넣고 재료가 미지근해질 때까지 휘핑한다.

2 버터를 나눠 넣으며 계속 휘핑한다. 그릇에 랩을 씌워 상온에 둔다.

커스터드 크림

1 볼에 달걀 노른자와 설탕, 옥수수 전분을 넣고 휘핑한다.

2 우유를 끓이다가 **1**에 끓인 우유의 ⅓을 넣고 휘핑한 뒤 볼에 담긴 재료를 남은 우유가 있는 냄비에 모두 붓는다. 센 불에서 계속 저으며 끓이다가 크림이 길쭉해지면 바로 불을 끈다.

3 버터를 넣고 크림과 완전히 섞일 때까지 저어준 뒤 랩에 부어 굳지 않도록 잘 싸서 냉동실에 10분 정도 둔다.

코크

22쪽 스위트 마카롱 코크 레시피에 따라 코크를 만든다. 1번 과정에서 아몬드 가루는 135g만 사용하고 피스타치오를 65g 넣는다.

마카롱 완성하기

1 각각의 크림을 빠르게 휘핑한 뒤 피스타치오 크림을 커스터드 크림에 섞는다. 이때 피스타치오 페이스트를 약간 첨가하면 더 부드럽고 윤기 나는 크림이 된다.

2 코크에 크림을 얇게 바르고 그 위에 라즈베리 잼을 올린다. 가장자리를 따라 생 라즈베리를 올린 뒤 다시 그 위에 피스타치오 크림을 아주 얇게 바르고 코크를 붙인다.

레드프루트 마카롱

Macaron thé aux fruits rouges

분량 약 40개

재료
필링 : 레드프루트 가나슈
밀크 초콜릿 ⋯ 375g
액상 생크림(유지방 함량 30% 이상)
　⋯ 300g
레드프루트 티백 ⋯ 10개

코크
분홍색 색소
무가당 코코아 분말 ⋯ 5g
컬러 슈거

>>> *How to make*

레드프루트 가나슈

1 잘게 썬 초콜릿을 중탕해 반 정도 녹인다.

2 냄비에 생크림을 붓고 끓인 뒤 레드프루트 티백을 넣는다. 뚜껑을 열고 충분히 우려낸 뒤 체에 한 번 거른다.

3 다시 한 번 살짝 데운 뒤 **1**에 조금씩 붓는다. 재료를 계속 저으면서 부어야 부드럽고 윤기 나는 가나슈를 만들 수 있다.

4 가나슈가 식을 때까지 기다렸다가 그대로 랩을 씌우고 냉장고에 1시간 정도 보관해 굳힌다.

5 굳힌 가나슈를 거품기로 한 번 더 휘핑해 진득하게 만든다. 너무 뻑뻑할 경우 전자레인지에 살짝 돌리거나 중탕해준다. 중탕할 때는 조금씩 저어가면서 해야 한다.

코크

22쪽 스위트 마카롱 코크 레시피에 따라 코크를 만든다.

마카롱 완성하기

1 지름 8mm인 둥근 깍지를 끼운 짤주머니에 가나슈를 넣고, 코크 중앙에 둥근 모양으로 짠다.

2 같은 크기의 코크를 찾아 붙인다.

3 마카롱 위에 컬러 슈거를 뿌려 장식한다.

버베나 피스타치오 마카롱
Macaron verveine pistache

분량 약 40개

재료
필링 : 버베나 가나슈
화이트 초콜릿 … 300g
액상 생크림(유지방 함량 30% 이상)
 … 300g
생버베나잎(혹은 말린 버베나잎) … 10g
버베나 리큐어 … 10g

코크
초록색 색소
노란색 색소
피스타치오 … 65g

>>> *How to make*

버베나 가나슈
1 화이트 초콜릿을 잘게 썰어 그릇에 담는다.

2 냄비에 생크림을 붓고 약한 불에서 끓인 뒤 버베나잎과 버베나 리큐어를 넣는다. 뚜껑을 연 채로 10분 정도 우려낸다.

3 크림을 다시 데운 뒤 ⅓을 **1**에 붓는다. 크림과 초콜릿이 잘 섞이도록 그릇 중앙에서부터 스패출러로 빠르게 저어준다. 초콜릿이 잘 녹지 않으면 조금 데워서 사용한다.

4 남은 크림을 두 번에 나눠 초콜릿에 붓고 부드럽고 윤기 나는 가나슈가 완성될 때까지 잘 젓는다. 그릇에 랩을 씌운 뒤 냉장고에서 2시간 보관한다.

코크
22쪽 스위트 마카롱 코크 레시피에 따라 코크를 만든다. 1번 과정에서 아몬드 가루 65g 대신 피스타치오 가루 65g을 첨가한다.

마카롱 완성하기
1 지름 8mm인 둥근 깍지를 끼운 짤주머니에 가나슈를 넣고, 코크 중앙에 둥근 모양으로 짠다.

2 같은 크기의 코크를 찾아 붙인다.

앵두 오렌지 블러썸 마카롱

Macaron fleur d'oranger groseille

macaron sucrés gastronomiques

분량 약 40개

재료
필링 : 오렌지 가나슈
화이트 초콜릿 … 300g
오렌지 제스트 … 오렌지 1개 분량
액상 생크림(유지방 함량 30% 이상)
　… 100g
오렌지 플라워 워터 … 100g

앵두 … 150g

코크
파란색 색소

>>> *How to make*

오렌지 가나슈

1 화이트 초콜릿을 잘게 썰어 그릇에 담는다.

2 생크림과 오렌지 제스트를 냄비에 넣고 약한 불에서 끓인다.

3 크림이 끓기 시작하면 ⅓을 **1**에 붓는다. 크림과 초콜릿이 잘 섞이도록 그릇 중앙에서부터 스패출러로 빠르게 젓는다.

4 남은 크림을 두 번에 나눠 붓고 계속 저어주면 부드럽고 윤기 나는 가나슈를 만들 수 있다. 냉장고에서 2시간 동안 보관한다.

코크

22쪽 스위트 마카롱 코크 레시피에 따라 코크를 만든다. 6번 과정에서 반죽에 색소를 넣기 전 흰색 반죽을 조금 떼어 놓는다.

마카롱 완성하기

1 지름 8mm인 둥근 깍지를 끼운 짤주머니에 가나슈를 넣고, 코크 가장자리에 도넛 모양으로 짠다.

2 그 중앙에 꼭지를 제거한 앵두를 1개 올린다.

3 같은 크기의 코크를 찾아 붙여준 뒤 미리 떼어놓은 흰색 반죽으로 장식한다.

코클리코 자몽 마카롱

Macaron pamplemousse coquelicot

macaron sucrés gastronomiques

분량 약 40개

재료

필링 : 자몽 콩피
자몽 … 1개
물 … 200g
설탕 … 100g
그레나딘 시럽 … 1큰술

필링 : 코클리코 가나슈
화이트 초콜릿 … 250g
액상 생크림(유지방 함량 30% 이상)
　… 200g
코클리코 아로마 … 1g

코크
분홍색 색소

>>> *How to make*

자몽 콩피

1 자몽은 깨끗이 씻어 둥글게 슬라이스한다. 자몽의 쓴맛을 없애려면 8번 이상은 세척하는 것이 좋다. 이때 과육은 조금 남겨두자. 냄비에 물을 붓고 끓으면 자몽 슬라이스를 넣는다. 다시 끓으면 물을 조금 더 붓는다. 이 과정을 8번 반복한다.

2 물과 설탕을 냄비에 붓고 끓인다. 시럽이 끓기 시작하면 **1**을 넣고 약한 불에서 1시간 정도 졸인 뒤 완전히 식을 때까지 기다렸다가 그레나딘 시럽을 첨가한다.

코클리코 가나슈

1 화이트 초콜릿을 잘게 썰어 그릇에 담는다.

2 냄비에 생크림을 붓고 끓인 뒤 세 번에 나눠 **1**에 천천히 붓는다. 생크림을 부을 때는 스패출러로 재료를 계속 저어주어야 한다.

3 코클리코 아로마를 넣고 섞은 뒤 냉장고에 2시간 이상 보관한다.

코크

22쪽 스위트 마카롱 코크 레시피에 따라 코크를 만든다.

마카롱 완성하기

1 지름 8mm인 둥근 깍지를 끼운 짤주머니에 가나슈를 넣고, 코크 위에 도넛 모양으로 짠다.

2 그 중앙에 자몽 콩피 1조각을 올린다.

3 같은 크기의 코크를 찾아 붙인다.

자몽 딸기 버베나 마카롱

Macaron pamplemousse fraise verveine

분량 약 20개

재료
필링 : 커스터드 크림
우유(전지유) ⋯ 250ml
말린 버베나잎 ⋯ 20장
달걀 노른자 ⋯ 6개
설탕 ⋯ 125g
옥수수 전분 ⋯ 50g
밀가루 ⋯ 10g
버터 ⋯ 50g

코크
빨간색 색소
자몽 ⋯ 2개
딸기 ⋯ 200g
오렌지 플라워 워터 ⋯ 15g
슈거파우더

>>> *How to make*

필링 : 커스터드 크림

1 냄비에 우유를 붓고 중간 불에서 끓이다가 버베나잎을 넣고 10분간 우려낸다.

2 볼에 달걀 노른자와 설탕을 담아 휘핑하고 옥수수 전분과 밀가루를 넣는다.

3 **1**을 체에 거른 뒤 **2**에 부으면서 계속 저어준다. 재료를 냄비에 옮겨 담고 중간 불에서 계속 저으며 끓인다. 끓기 시작한 뒤 약 10초가 지나면 크림이 걸쭉해진다.

4 냄비를 불에서 내린 뒤 버터를 넣고 휘핑한다. 랩을 씌워 냉장고에 보관한다.

코크

22쪽 스위트 마카롱 코크 레시피에 따라 코크를 만든다. 지름 약 6cm인 동그란 코크 20개, 도넛 모양 코크 20개를 만든다.

마카롱 완성하기

1 자몽은 껍질을 벗겨 물기를 빼고, 딸기는 꼭지 제거 후 2등분 한다.

2 차가운 커스터드 크림을 휘핑하고, 지름 8mm인 둥근 깍지를 끼운 짤주머니에 넣는다. 코크 중앙에 가득 짠다.

3 가장자리에 딸기와 자몽을 번갈아 올려 장식한다. 브러시로 과일 표면에 오렌지 플라워 워터를 살짝 바르고, 과일 위에도 크림을 조금 올린다.

4 슈거파우더를 뿌리고 도넛 모양 코크를 위에 얹는다. 코크 위에 예쁜 모양의 딸기 1개를 올려 장식한다.

소르베 마카롱
Macaron sorbet

macaron sucrés gastronomiques

분량 약 40개

재료

필링 : 아몬드 밀크 소르베
오르쟈 시럽 ··· 200g
우유(전지유) ··· 200g
액상 생크림(유지방 함량 30% 이상)
 ··· 100g

필링 : 레몬 바질 소르베
물 ··· 250g
생 바질잎 ··· 10장
설탕 ··· 125g
분유 ··· 1작은술
레몬즙 ··· 105g(레몬 3개 분량)
레몬 제스트 ··· 레몬 1개 분량

딸기 소르베
딸기 ··· 500g
설탕 ··· 150g

코크
흰색 색소
빨간색 색소
갈색 색소
분홍색 색소

필요한 도구
소르베 제조기

>>> *How to make*

아몬드 밀크 소르베

차게 보관해둔 각 재료들을 잘 섞어 소르베 제조기에 넣고 소르베를 만든 뒤 냉동실에 보관한다.

레몬 바질 소르베

1 냄비에 물을 붓고 끓이다가 끓으면 불을 끄고 바질잎을 넣어 뚜껑을 연 채로 약 10분간 우려낸 뒤 바질잎을 건져낸다.

2 여기에 설탕과 분유를 넣고 휘핑한다. 다시 냄비를 불에 올려 계속 저으면서 끓이다가 끓으면 불을 끄고 재료가 식을 때까지 둔다.

3 2에 레몬즙과 레몬 제스트를 넣고, 냉장고에 둔다. 차가워진 시럽은 소르베 제조기에 넣어 소르베를 만들고 냉동실에 보관한다.

딸기 소르베

딸기를 곱게 간 뒤 체에 내려 씨를 걸러내고, 설탕을 섞어 녹을 때까지 잘 저어준다. 절대 열을 가해 설탕을 녹이지 말자. 재료를 소르베 제조기에 넣어 소르베를 만들고 냉동실에 보관한다.

코크

22쪽 스위트 마카롱 코크 레시피에 따라 코크를 만든다. 기본 레시피보다 반죽 굽는 시간을 2분 정도 줄여야(약 10분) 냉동 보관 후에도 부드러운 마카롱을 먹을 수 있다.

마카롱 완성하기

각 소르베는 코크 위에 올리고, 같은 크기의 코크를 붙인다. 완성된 마카롱은 바로 냉동실에 보관하고 디저트로 먹는다.

로즈 마카롱

Macaron à la rose

분량 약 40개

재료

필링 : 로즈 버터크림
달걀 … 2개
달걀 노른자 … 1개
설탕 … 80g
녹인 버터 … 230g
물 … 10g
로즈 시럽 … 10g (시럽 농도에 따라 양을
　　조절한다.)
로즈 아로마 … 5방울

코크
빨간색 색소

>>> *How to make*

로즈 버터크림

1 그릇에 달걀과 설탕을 넣은 뒤 중탕기에 넣고, 가벼운 흰색 거품이 일 때까지 휘핑해준다.

2 재료가 따뜻해지면(약 40℃) 그릇을 중탕기에서 꺼내고, 크림이 미지근해질 때까지 계속 휘핑해준다.

3 버터를 조금씩 넣으며 섞는다. 버터를 넣으면 부드럽고 윤기 나는 크림을 만들 수 있다.

4 장미의 맛과 향을 내기 위해 물과 로즈 시럽, 아로마를 첨가한다. 맛과 향이 확실하게 느껴지는지 반드시 맛을 본다.

코크

22쪽 스위트 마카롱 코크 레시피에 따라 코크를 만든다.

마카롱 완성하기

1 로즈 버터크림을 한 번 더 휘핑해 가벼운 크림 형태로 만들고, 지름 8mm인 둥근 깍지를 끼운 짤주머니에 넣는다. 코크를 따라 하트 모양으로 크림을 짠다. 마카롱 가장자리까지 꽉 차도록 필링을 짜야 안에서 굳지 않는다.

2 같은 크기의 코크를 찾아 붙인다.

필링 중앙에 반으로 자른 라즈베리를 올리면 신선한 생과일 맛이 나는 마카롱을 만들 수 있다.

라벤더 마카롱
Macaron lavande

macaron sucrés gastronomiques

분량 약 40개

재료
필링 : 라벤더 가나슈
화이트 초콜릿 … 300g
복숭아(혹은 껍질 벗긴 복숭아 과육)
　… 90g
액상 생크림(유지방 함량 30% 이상)
　… 210g
말린 라벤더잎 … 1큰술

코크
빨간색 색소
파란색 색소
복숭아 조각

>>> *How to make*

라벤더 가나슈
1 화이트 초콜릿을 잘게 썰어 그릇에 담는다.

2 소형 믹서기에 복숭아 과육을 넣고 곱게 갈아준다.

3 냄비에 생크림을 붓고 라벤더잎을 넣은 뒤 약한 불에서 끓인다. 끓인 생크림의 ⅓을 **1**에 붓는다. 크림과 초콜릿이 잘 섞이도록 그릇 중앙에서부터 스패츌러로 빠르게 젓는다.

4 남은 크림은 두 번에 나눠 부은 뒤 부드럽고 윤기 나는 가나슈가 만들어질 때까지 계속 저어준다.

5 여기에 **2**를 넣고 골고루 섞은 뒤 체에 걸러 그릇에 옮겨 담는다. 냉장고에 2시간 동안 보관한다.

코크
22쪽 스위트 마카롱 코크 레시피에 따라 코크를 만든다.

마카롱 완성하기
1 지름 8mm인 둥근 깍지를 끼운 짤주머니에 가나슈를 넣고, 코크 위에 도넛 모양으로 짠 뒤 중앙에 작은 복숭아 조각을 올린다.

2 같은 크기의 코크를 찾아 붙인다.

바이올렛 마카롱

Macaron violette de Toulouse

macaron sucrés gastronomiques

분량 약 40개

재료

필링 : 바이올렛 버터 크림
달걀 … 1개
설탕 … 125g
녹인 버터 … 250g
바이올렛 아로마(농도에 따라 사용량 조
 절할 것) … 1g
노란색 색소 … 1방울

코크
설탕을 입힌 말린 제비꽃(제비꽃 결정)
 … 100g
바이올렛 색소(혹은 빨간색과 파란색 색
소 혼합한 것)

>>> *How to make*

바이올렛 버터 크림

1 그릇에 달걀과 설탕을 넣고 냄비에 넣어 중탕한다. 흰색의 가벼운 거
 품이 일 때까지 계속 저어준다.

2 재료가 미지근해지면 그릇을 냄비에서 꺼내 완전히 식을 때까지 계
 속 저어준다.

3 여기에 말랑말랑한 버터를 조금씩 넣고 골고루 섞어 부드럽고 윤기
 나는 크림을 만든다. 가벼운 텍스처의 크림을 만들려면 적어도 10분
 이상은 휘핑해야 한다.

4 바이올렛 아로마와 노란색 색소를 넣어 크림에 맛과 향을 낸다. 이때
 바이올렛 맛과 향이 확실하게 느껴지는지 반드시 맛을 본다.

코크

22쪽 스위트 마카롱 코크 레시피에 따라 코크를 만든다. 반죽을 굽기
전, 제비꽃 결정을 반죽 위에 듬뿍 올린다.

마카롱 완성하기

1 지름 8mm인 둥근 깍지를 끼운 짤주머니에 크림을 넣고, 코크 중앙
 에 둥근 모양으로 짠다.

2 같은 크기의 코크를 찾아 붙인다.

말라바 마카롱
Macaron Malabar®

macaron sucrés gastronomiques

분량 약 40개

재료

필링 : 말라바 가나슈
화이트 초콜릿 … 250g
액상 생크림(유지방 함량 30% 이상)
　 … 200g
말라바 풍선껌 … 100g

코크
분홍색 색소

>>> *How to make*

말라바 가나슈

1 화이트 초콜릿을 잘게 썰어 그릇에 담는다.

2 냄비에 생크림을 붓고 끓인 뒤 말라바를 넣는다.

3 생크림의 온도가 약 80℃가 되면 **1**에 조금씩 붓는다. 생크림을 부을 때마다 거품기로 계속 휘핑해준다. 말라바가 잘 녹지 않을 경우 재료를 좀 더 데운 뒤 섞는다.

4 완성된 가나슈는 냉장고에서 2시간 이상 보관한다.

코크

22쪽 스위트 마카롱 코크 레시피에 따라 코크를 만든다. 반죽은 말라바 풍선껌 모양(직사각형)으로 짠다.

마카롱 완성하기

1 지름 8mm인 둥근 깍지를 끼운 짤주머니에 가나슈를 넣고, 코크 중앙에 짠다.

2 같은 크기의 코크를 찾아 붙인다.

말라바
다양한 과일 맛이 나는 풍선껌

살구 치즈케이크 마카롱

Macaron cheesecake abricot

macaron sucrés gastronomiques

분량 약 40개

재료

필링 : 살구 조각
살구 … 4개
설탕 … 40g
바닐라빈(씨를 긁어낸 것) … 1개
버터 … 30g

필링 : 버터 크림
달걀 노른자 … 1개
설탕 … 60g
녹은 버터 … 125g
세인트 모레(St Môret) 크림치즈 … 200g

코크
스페큘러스 과자 가루 … 100g
커피 농축액

> **Tip** 세인트 모레 치즈는 사용하기 30분 전에 냉장고에서 꺼내 놓아야 부드러운 상태로 사용할 수 있으며, 버터크림이 굳는 것을 방지할 수 있다.

>>> *How to make*

살구 조각

1 살구의 씨를 제거하고 사방 1cm의 큐브 모양으로 자른다.

2 팬에 설탕과 바닐라빈을 넣고 약한 불에서 캐러멜 상태가 될 때까지 녹인 뒤 살구 조각을 넣어 가장 약한 불에서 10분간 끓인다.

3 여기에 버터를 넣고 2분 정도 끓인 뒤 식혀둔다.

버터크림

1 그릇에 달걀 노른자와 설탕을 넣고 가벼운 질감의 흰색 거품이 일 때까지 약 10분간 휘핑한다.

2 여기에 말랑말랑한 버터를 조금씩 넣으면서 계속 저으면 부드럽고 윤기 나는 크림이 완성된다. 이때 적어도 10분 이상은 휘핑해 줘야 맛있는 크림을 만들 수 있다.

3 나무 스패츌러로 세인트 모레 치즈를 떠서 볼에 담은 뒤 버터 크림을 넣고 골고루 섞는다.

코크

22쪽 스위트 마카롱 코크 레시피에 따라 코크를 만든다. 1번 과정에서 아몬드 가루는 100g만 넣고, 대신 스페큘러스 가루를 100g 넣는다.

마카롱 완성하기

1 지름 8mm인 둥근 깍지를 끼운 짤주머니에 버터 크림을 넣고, 코크 위에 도넛 모양으로 짠 뒤 중앙에 살구 조각을 올린다.

2 같은 크기의 코크를 찾아 붙인다.

파리 브레스트 마카롱

Macaron paris-brest

macaron sucrés gastronomiques

분량 약 40개

재료

필링 : 버터 크림

달걀 ⋯ 1개

설탕 ⋯ 125g

녹인 버터 ⋯ 250g

프랄린 ⋯ 250g

코크

무가당 코코아 분말 ⋯ 5g

헤이즐넛 가루

>>> *How to make*

버터 크림

1 달걀과 설탕을 넣은 그릇을 냄비에 넣고 중탕한다. 가벼운 흰색 거품
이 일 때까지 계속 저어준다. 재료가 미지근해지면 그릇을 냄비에서
꺼내 완전히 식을 때까지 저어준다.

2 말랑말랑한 버터를 조금씩 넣어 부드럽고 윤기 나는 크림이 될때까
지 계속 젓는다. 가벼운 텍스처의 크림을 만들려면 적어도 10분 이상
은 휘핑해야 한다.

3 프랄린을 넣어 크림에 맛과 향을 낸다.

코크

22쪽 스위트 마카롱 코크 레시피에 따라 코크를 만든다. 반죽에 코코
아 분말을 넣어 코크의 색을 입힌다.

마카롱 완성하기

1 지름 8mm인 톱니모양 깍지를 끼운 짤주머니에 버터 크림을 넣고,
코크 중앙에 꽃모양으로 짠다.

2 같은 크기의 코크를 찾아 붙인다.

3 완성된 마카롱 위에 헤이즐넛 가루를 뿌린다.

Tip

프랄린(praliné)

설탕에 졸인 견과류로 집에서 만든 것
을 사용하는 게 가장 좋다.

리올레 마카롱
Macaron riz au lait

macaron sucrés gastronomiques

분량 약 40개

재료
필링 : 리올레
젤라틴 … 1장
우유 … 500ml
설탕 … 25g
쌀 … 35g
버터 … 20g
달걀 노른자 … 1개

필링 : 캐러멜
설탕 … 60g
액상 생크림(유지방 함량 30% 이상)
　… 150ml
버터 … 30g

코크
분홍색 색소
코코아 분말
슈거파우더

>>> *How to make*

리올레

1 젤라틴은 아주 차가운 물에 넣어 불린다.

2 냄비에 우유와 설탕을 넣고 약한 불에서 끓이다가 쌀을 넣고 저어가며 20분 정도 더 끓인다. 쌀은 완전히 익히되 끈적거리면 안 된다.

3 버터와 달걀 노른자를 차례로 넣고, 1분 정도 끓여 노른자가 익으면 불린 젤라틴을 넣어 섞는다. 냉장고에서 2시간 정도 보관한다.

캐러멜

1 냄비에 설탕을 넣고 약한 불에서 색이 약간 변할 때까지 녹여 캐러멜을 만든다.

2 생크림은 중탕으로 미지근하게 만든다. 미지근해야 다른 재료와 훨씬 잘 섞인다.

3 캐러멜을 세 번에 나눠 생크림에 붓고, 여기에 버터를 넣어 약한 불에서 1분 정도 끓이면 좀 더 쫀득한 캐러멜이 완성된다.

코크

22쪽 스위트 마카롱 코크 레시피에 따라 코크를 만든다. 1번 과정에서 반죽에 코코아 분말을 약간 첨가한다.

마카롱 완성하기

1 지름 8mm인 둥근 깍지를 끼운 짤주머니에 리올레를 넣고, 코크 위에 도넛 모양으로 짠 뒤 중앙에 캐러멜을 올린다. 술에 절인 작은 배 조각을 올려도 좋다.

2 같은 크기의 코크를 찾아 붙이고, 슈거파우더를 체에 내려 장식한다.

Macarons
salés classiques

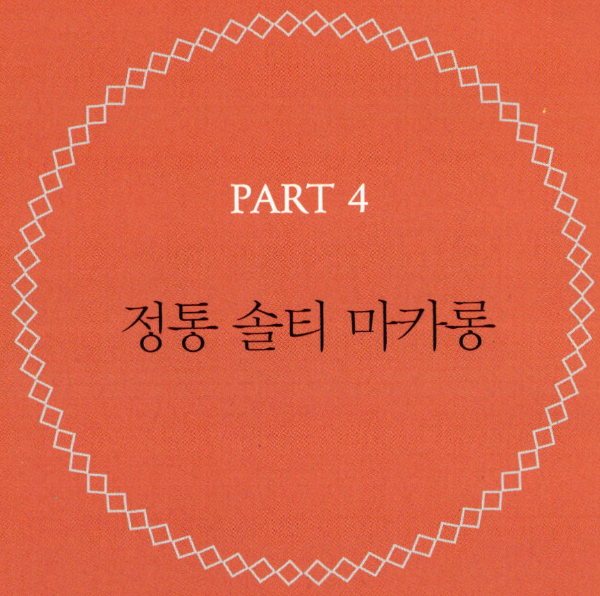

PART 4

정통 솔티 마카롱

쇼롱 마카롱

Macaron choron

분량 약 40개

재료

토마토 콩피
방울토마토 … 10개
올리브유
슈거파우더
백후춧가루
플뢰르 드 셀

필링 : 사바이옹
달걀 노른자 … 3개
졸인 토마토쿨리 … 150g
녹인 버터 … 200g

코크
파란색 색소
노란색 색소

졸인 토마토 쿨리
시중에서 판매하는 일반 토마토 쿨리를
약한 불에 졸여서 만든다.

>>> *How to make*

토마토 콩피

1 방울토마토를 각각 4조각으로 슬라이스 하고, 유산지를 깐 오븐 팬 위에 얹는다. 토마토 위에 올리브유를 바른다.

2 고운 체에 거른 슈거파우더와 소금, 후추를 슬라이스 위에 뿌리고, 90℃로 예열된 오븐에서 1시간~1시간 30분간 굽는다.

사바이옹

1 그릇에 달걀 노른자와 미지근한 물 3큰술을 넣은 뒤 중탕기에 넣고 재료를 잘 저어준다. 재료가 끓어 넘치지 않도록 주의한다(중간 불에서 사바이옹이 너무 뜨거워지지 않도록 불에 올렸다 내리기를 반복한다.).

2 사바이옹이 걸쭉해지면 졸인 토마토 쿨리를 넣고 핸드 믹서기로 잘 섞은 뒤 버터를 조금씩 넣으며 휘핑한다. 완성된 사바이옹은 랩을 씌운 뒤 서늘한 곳에 보관한다(너무 차가워지지 않도록 주의!).

코크

26쪽 솔티 마카롱 코크 레시피에 따라 코크를 만든다.

마카롱 완성하기

1 둥근 모양 깍지를 끼운 짤주머니에 사바이옹을 넣고, 코크에 듬뿍 짠 뒤 다른 코크를 붙인다.

2 완성된 마카롱 위에 토마토 콩피를 하나씩 얹어 장식한다.

코코넛 고구마 마카롱
Macaron patate douce coco

분량 약 40개

재료
필링 : 고구마 크림
고구마 … 400g
치킨부용 … 100ml
코코넛 크림(코코넛 밀크 대체 가능)
　… 300ml
젤라틴 … 3장
코코넛 가루 … 100g
사테소스 가루 … 20g
백후춧가루
플뢰르 드 셀

>>> *How to make*

고구마 크림

1 고구마는 껍질을 벗겨 큐브 모양으로 조각 내 스테인리스 팬에 담는다.
2 여기에 치킨부용과 코코넛 크림 200ml를 넣어 약한 불에서 뚜껑을 덮은 채로 20분간 졸인다. 그 다음 뚜껑을 열고 10분간 더 졸여 수분을 완전히 제거한다.
3 젤라틴은 차가운 물이 담긴 그릇에 넣고 불린다.
4 **2**와 사테소스 가루, 남은 코코넛 크림 100ml, 코코넛 가루 25g을 믹서기에 넣고 갈아 아주 부드러운 퓌레로 만든 뒤 간을 맞춘다
5 불린 젤라틴은 물기를 완전히 뺀 뒤 전자레인지에 녹여 **4**에 넣고 잘 섞는다. 사기그릇에 담아 서늘한 곳에서 식힌다.

코크

26쪽 솔티 마카롱 코크 레시피에 따라 코크를 만든다.

마카롱 완성하기

1 둥근 깍지를 끼운 짤주머니에 크림을 넣고, 코크 위에 짠 뒤 코크를 찾아 붙인다.
2 남은 코코넛 가루에 마카롱을 조심스럽게 굴려 옷을 입힌다.

캐슈너트 아몬드 마카롱

Macaron amande fumée noix de cajou

Macarons salés classiques

분량 약 40개

재료
필링 : 아몬드 무스
생 캐슈너트 … 200g
볶은 아몬드(소금 간을 한) … 200g
세인트 모레(St Môret) 크림치즈
　… 150g
백후춧가루

코크
노란색 색소
코코아 분말

>>> *How to make*

아몬드 무스

1 170℃ 오븐에서 10분간 캐슈너트를 굽는다.

2 믹서기에 아몬드와 구운 캐슈너트를 넣고 한 번 갈아준다.

3 세인트 모레 크림치즈와 백후춧가루를 넣은 뒤 반죽이 부드러워지고 윤기가 날때까지 골고루 섞어준다. 서늘한 곳에 보관한다.

코크

26쪽 솔티 마카롱 코크 레시피에 따라 코크를 만든다. 다양한 모양으로 코크 반죽을 짠다.

마카롱 완성하기

1 둥근 깍지를 끼운 짤주머니에 무스를 넣고, 코크 중앙에 짠다.

2 같은 크기의 코크를 찾아 붙인다.

피넛 마카롱

Macaron cacahuète salée

분량 약 40개

재료

필링 : 피넛 크림
땅콩(소금 간을 한) ··· 100g
피넛버터 ··· 300g
세인트 모레(St Môret) 크림치즈 ··· 100g
백후춧가루

코크
무가당 코코아 분말

>>> *How to make*

피넛 크림

1 170℃로 예열해 놓은 오븐에 5분간 땅콩을 굽는다. 구운 땅콩은 코크 장식에 사용할 일부를 덜어놓고, 나머지는 스탠드 믹서기나 미니 절구로 살짝 빻아준다.

2 스탠드 믹서기에 피넛버터와 세인트 모레 크림치즈를 넣고 골고루 섞는다. 믹서기를 끄지 않은 상태에서 그라인더를 1바퀴 돌려 후추를 첨가한다. 완성된 크림을 다른 그릇에 옮겨 담는다.

3 2에 **1**을 넣은 뒤 골고루 섞어준다.

코크

26쪽 솔티 마카롱 코크 레시피에 따라 코크를 만든다. 반죽을 굽기 전 소금 간을 한 땅콩 1개를 코크 반죽 중앙에 올린다.

마카롱 완성하기

1 지름 8mm인 둥근 깍지를 끼운 짤주머니에 크림을 넣고, 코크 중앙에 짠다.

2 같은 크기의 코크를 찾아 붙인다.

망고 처트니 마카롱

Macaron chutney de mangue

분량 약 40개

재료
필링 : 망고 처트니
생 망고 … 500g
건포도 … 50g
에스플레트 고추 … 한 꼬집
갈색 설탕 … 150g
시드르 식초 … 100㎖
마늘 가루 … 1꼬집
소금 … 1/2작은술
후춧가루 … 1꼬집
말린 생강 설탕 절임 … 50g(또는 작은
　　조각으로 자른 생 생강 15g)

코크
노란색 색소

처트니(chutney)
채소나 과일에 식초, 향신료 등을 넣어
만드는 인도식 소스.

>>> *How to make*

망고 처트니

1 망고는 껍질을 벗기고 작은 큐브 모양으로 자른다.

2 망고 조각을 다른 재료와 함께 냄비에 한데 넣고 섞는다. 약한 불에
서 약 15분 정도 익히다가 과일이 익어서 반투명한 상태가 되면 불을
끄고 서늘한 곳에 보관한다.

코크

26쪽 솔티 마카롱 코크 레시피에 따라 코크를 만든다. 반죽을 하트 모
양으로 짠다.

마카롱 완성하기

1 깍지를 끼우지 않은 짤주머니에 망고 처트니를 넣고, 코크 중앙에 짠다.

2 같은 크기의 코크를 찾아 붙인다.

당근 마카롱
Macaron carotte

Macarons salés classiques

분량 약 40개

재료
필링 : 당근 퓌레
당근 … 400g
치킨부용 … 250ml
젤라틴 … 3장
키리 치즈 … 2개
백후춧가루
플뢰르 드 셀
스페큘러스 가루 … 6개 분량

코크
빨간색 색소
파란색 색소

>>> *How to make*

당근 퓌레

1 당근을 작은 큐브 모양으로 잘라 냄비에 넣고, 여기에 치킨부용을 부은 뒤 약한 불에서 뚜껑을 덮고 30분 동안 익힌다. 당근이 익는 동안 치킨부용이 졸아 냄비 바닥에 들러붙지 않는지 계속 확인한다.

2 젤라틴을 차가운 물이 담긴 그릇에 넣고 불린다.

3 익힌 당근은 블렌더에 넣고 갈아 부드러운 퓌레로 만든다(이때 필요하다면 체에 한 번 걸러준다.).

4 불린 젤라틴은 물기를 뺀 뒤 그릇에 담아 전자레인지에 넣어 녹이고, 당근 퓌레의 ⅓과 섞어 빠르게 휘핑한다.

5 여기에 미리 말랑말랑한 상태로 만들어 놓은 키리 치즈를 실리콘 스패출러로 떠 넣고 빠르게 휘핑하면 퓌레가 훨씬 부드러워진다.

6 남은 퓌레도 마저 넣는다. 완성된 퓌레의 맛을 본 뒤 플뢰르 드 셀과 후추로 간을 한다. 마지막으로 스페큘러스 가루를 넣고 골고루 섞은 뒤 서늘한 곳에 보관한다.

코크

26쪽 솔티 마카롱 코크 레시피에 따라 코크를 만든다.

마카롱 완성하기

1 지름 8mm인 둥근 깍지를 끼운 짤주머니에 퓌레를 넣고, 코크 중앙에 짠다.

2 같은 크기의 코크를 찾아 붙인다.

토마토 마카롱
Macaron tomate moelleuse

분량 약 40개

재료

필링 : 토마토 콩피
방울토마토 … 40개
버진 올리브오일
슈거파우더
백후춧가루
플뢰르 드 셀

코크
백리향잎 혹은 로즈마리잎
로즈마리가 들어간 토마토 크림수프
　… 150g

>>> *How to make*

토마토 콩피

1 방울토마토는 잘 씻어서 위, 아래 끝 부분을 잘라낸 뒤 오븐 팬에 올리고, 버진 올리브오일을 바른다. 그 위에 슈거파우더와 플뢰르 드 셀, 후추를 조금씩 뿌린다.

2 80℃ 오븐에서 2시간 30분 동안 구우면 토마토 콩피와 비슷한 상태가 된다. 굽기가 끝나면 완전히 식을 때까지 기다린다.

코크

26쪽 솔티 마카롱 코크 레시피에 따라 코크를 만든다. 반죽을 굽기 전, 잘게 썬 백리향잎과 로즈마리잎을 뿌려준다(생 허브잎이 없을 경우에만 말린 허브잎을 사용한다.).

마카롱 완성하기

1 코크에 토마토 크림수프를 살짝 바르고, 방울토마토 콩피를 올린다.

2 같은 크기의 코크를 찾아 붙인다.

바질 토마토 마카롱

Macaron tomate basilic

Macarons salés classiques

분량 약 40개

재료

필링 : 구운 토마토
토마토 ⋯ 500g
소금 ⋯ ½작은술
설탕 ⋯ 작은 1꼬집
후춧가루
백리향 ⋯ 1묶음
로즈마리 ⋯ ½묶음
마늘 ⋯ 1쪽
올리브유

코크
잎이 작은 바질 ⋯ 1단
빨간색 색소
무가당 코코아 분말 ⋯ 5g

>>> *How to make*

구운 토마토

1 토마토 꼭지를 제거하고 4등분한 뒤 속의 씨를 제거한다.

2 소금과 설탕을 섞고 여기에 그라인더를 몇 번 돌려 후춧가루를 뿌린다. 소금, 설탕, 후춧가루 섞은 것의 반을 알루미늄 포일을 깐 오븐 팬 위에 깔고, 백리향과 로즈마리잎, 2등분 한 마늘을 그 위에 얹는다.

3 그 위에 4등분한 토마토를 가지런히 놓고 올리브유를 뿌려준다. 남은 소금, 설탕, 후추 섞은 것을 토마토 위에 한 번 더 뿌린 뒤 90℃ 오븐에서 3시간 동안 구워준다.

4 구운 토마토를 작은 조각으로 자른다.

코크

26쪽 솔티 마카롱 코크 레시피에 따라 코크를 만든다.

마카롱 완성하기

1 코크 위에 구운 토마토 조각을 듬뿍 올린다.
2 같은 크기의 코크를 붙이고, 작은 바질잎을 올려 완성한다.

토마토 맛있게 먹는 방법
단단하고 잘 익은 토마토라면 종류에 상관없이 모두 사용할 수 있다. 토마토는 보통 봄부터 가을까지 수확되지만 일조량이 가장 풍부한 여름에 나는 토마토가 가장 맛있다. 구운 토마토는 마늘, 허브잎과 함께 유리로 된 밀폐용기에 넣고 올리브유를 뿌린 뒤 직사광선이 닿지 않는 곳에 보관한다. 토마토는 냉장고보다 과일 바구니에 넣어 보관하는 것이 좋으며, 플뢰르 드 셀을 조금 뿌려서 먹으면 훨씬 맛있다.

토마토 와사비 마카롱
Macaron wasabi tomate

분량 약 40개

재료

필링 : 토마토+와사비
더 래핑 카우 포션치즈 … 20개
토마토 페이스트 … 4작은술
와사비 … 2작은술

코크
빨간색 색소
파란색 색소
양귀비 씨 … 50g

>>> *How to make*

필링 : 토마토+와사비
그릇에 치즈와 토마토 페이스트, 와사비를 넣고 골고루 섞는다.

코크
26쪽 솔티 마카롱 코크 레시피에 따라 코크를 만든다. 완성된 코크 위
에 양귀비 씨를 뿌린다.

마카롱 완성하기
1 지름 8mm인 둥근 깍지를 끼운 짤주머니에 필링을 넣고, 코크 중앙
  에 둥글게 짠다.
2 같은 크기의 코크를 찾아 붙인다.

머스터드 마카롱
Macaron moutarde

분량 약 40개

재료
필링 : 머스터드 크림
흑겨자 … 2큰술
물 … 2큰술
드라이 화이트 와인 … 2큰술
달걀 노른자 … 4개
머스터드 소스 … 50g
무염 버터 … 200g
백후춧가루
플뢰르 드 셀
흑겨자 씨

코크
노란색 색소

>>> *How to make*

머스터드 크림

1 팬에 흑겨자를 넣고 약한 불에서 3~5분 동안 볶는다.

2 볼에 물과 화이트 와인, 달걀 노른자를 넣고, 볼을 중탕기에 넣어 재료를 잘 저으며 데워준다. 재료가 끓어서 넘치지 않도록 중간중간 볼을 불에서 내린다(이렇게 서서히 익혀야 좀 더 점성이 강한 사바이옹을 만들 수 있다.). 사바이옹을 스패츌러로 떠서 흘렸을 때 계단 모양으로 서서히 떨어지는 정도가 되면 불을 끄고 계속 저어가며 식혀준다.

3 여기에 머스터드 소스와 플뢰르 드 셀, 백후춧가루를 넣어 골고루 섞고, 살짝 빻은 흑겨자 씨를 넣는다.

4 스탠드 믹서기에 **2**를 넣고 잘게 자른 버터 조각을 넣은 뒤 버터가 완전히 녹을 때까지 잘 섞어준다. 녹인 버터가 약간 굳을 때까지 기다리되 완전히 식지 않도록 주의한다. 버터가 살짝 굳었을 때 필링을 채우는 작업이 훨씬 수월해진다.

코크

26쪽 솔티 마카롱 코크 레시피에 따라 코크를 만든다. 다양한 모양으로 코크 반죽을 짜고, 반죽을 굽기 전 흑겨자 씨를 뿌린다.

마카롱 완성하기

1 둥근 깍지를 끼운 짤주머니에 크림을 넣고, 코크에 짠다.
2 같은 크기의 코크를 찾아 붙인다.

참치 페이스트 마카롱

Macaron crème de thon

분량 약 40개

재료

필링 : 참치 크림
참치캔(기름 빼고) … 300g
프로마쥬 블랑(지방 함량 40%) … 50g
으깬 마늘 … 1쪽
에스플레트 고추(프랑스 에스플레트 지방에서 나는 고추로 맵지 않은 것이 특징이다.)
마요네즈 … 100g
셰리 식초 … 1큰술
백후춧가루

코크
갈색 색소
식용 은가루

블랙 올리브 타프나드 2큰술

>>> *How to make*

참치 크림

1 스탠드 믹서기에 참치와 프로마쥬 블랑, 으깬 마늘, 에스플레트 고추, 후춧가루를 넣는다. 재료를 한 번 갈아준 뒤 마요네즈와 셰리 식초를 넣고 잘 섞는다.

2 완성된 참치 크림을 사기그릇에 옮겨 담고 서늘한 곳에서 약 2시간 정도 보관한다.

코크

26쪽 솔티 마카롱 코크 레시피에 따라 코크를 만든다.

마카롱 완성하기

1 코크에 참치 크림을 올리고, 칼끝으로 블랙 올리브 타프나드를 조금 떠서 크림 중앙에 얹는다.

2 같은 크기의 코크를 찾아 붙인다.

3 마른 브러시로 완성된 마카롱 위에 식용 은가루를 발라준다.

Tip

블랙 올리브 타프나드
블랙 올리브와 마늘, 안초비 등을 넣어 만든 프로방스 지방의 소스.

부르생 치즈 마카롱
Macaron Boursin®

분량 약 40개

재료

필링 : 부르생 크림
버터 … 50g
부르생 치즈 … 150g
바질잎(혹은 잘게 다진 바질잎이나 민트
  잎) … 1장

>>> *How to make*

부르생 크림

1 치즈는 사용하기 15분 전에 냉장고에서 꺼내 놓아야 부드러운 상태
로 사용할 수 있고, 다른 재료와 섞을 때도 버터가 굳는 것을 막을 수
있다.

2 그릇에 버터를 넣고 흰색의 가벼운 거품이 일 때까지 핸드 믹서기로
10분간 휘핑한다.

3 여기에 잘게 자른 바질잎(혹은 민트잎)과 부르생 치즈를 조금씩 넣고
2분 이상 휘핑한다. 휘핑을 잘해야 부드럽고 윤기 나는 크림을 만들
수 있다.

코크

26쪽 솔티 마카롱 코크 레시피에 따라 코크를 만든다. 코크 반죽은
140℃에서 구워야 흰색 마카롱을 만들 수 있다.

마카롱 만들기

1 지름 8mm인 둥근 깍지를 끼운 짤주머니에 크림을 넣고, 코크 위에
둥근 모양으로 짠다.

2 같은 크기의 코크를 찾아 붙인다.

부르생(Boursin) 치즈
허브나 마늘 등을 넣어 간이 된 짭조름
한 프랑스 치즈.

페퍼민트 쉐브르 마카롱

Macaron chèvre frais menthe poivrée

Macarons salés classiques

분량 약 40개

재료
필링 : 쉐브르 크림
염소치즈 ⋯ 400g
버진 올리브오일 ⋯ 100ml
백후춧가루
플뢰르 드 셀
페퍼민트잎 ⋯ 20장

코크
초록색 색소
갈색 색소

>>> *How to make*

쉐브르 크림

1 마카롱 만들기 하루 전, 면보나 흡수지 위에 염소치즈를 올려 건조시
  킨다.
2 건조시킨 염소치즈는 체에 한 번 거른 뒤 사기그릇에 담는다. 여기에
  버진 올리브오일을 부어 치즈를 풀어준다.
3 소금과 후추로 간을 맞추고 네모 모양으로 잘게 썬 페퍼민트잎을 넣
  는다(네모 모양으로 썰어야 민트잎이 산화되는 것을 막을 수 있다.).
4 완성된 크림을 서늘한 곳에 보관한다.

코크

26쪽 솔티 마카롱 코크 레시피에 따라 코크를 만든다.

마카롱 완성하기

1 지름 8mm인 둥근 깍지를 끼운 짤주머니에 크림을 넣고, 코크 중앙
  에 짠다.
2 같은 크기의 코크를 찾아 붙인다.

페퍼민트 대신 고수나 바질, 타라곤 등 다른 종류의 허브잎을 써도 좋다.

토마토 모차렐라 마카롱

Macaron tomate mozzarella

분량 약 40개

재료

필링 : 모차렐라 크림
모차렐라 디 부팔라 캄파나(이탈리아산
　모차렐라 치즈) … 3개
마스카포네 치즈 … 150g
백후춧가루
플뢰르 드 셀
버진 올리브오일
바질잎 … ½묶음

필링 : 토마토 콩피
방울토마토 … 10개
버진 올리브오일
슈거파우더
소금
후추

코크
빨간색 색소

>>> *How to make*

모차렐라 크림

1 마카롱 만들기 하루 전, 면보나 흡수지 위에 모차렐라 치즈를 올려
　건조시킨다.

2 스탠드 믹서기에 **1**을 넣고 갈아준 뒤 마스카포네 치즈와 후춧가루,
　플뢰르 드 셀을 넣고 섞는다.

3 재료가 골고루 섞이면 사기그릇에 옮겨 담고, 버진 올리브오일을 넣
　어 재료를 좀 더 부드럽게 만들어준 뒤 네모 모양으로 잘게 썬 바질
　잎을 넣는다(네모 모양으로 썰어야 바질 잎이 산화되는 것을 막을 수
　있다.). 완성된 크림은 서늘한 곳에 보관한다.

토마토 콩피

1 방울토마토는 잘 씻어서 4등분 슬라이스 한 뒤 오븐 팬 위에 올린다.
2 버진 올리브오일을 토마토 위에 바르고 슈거파우더, 소금, 후추로 간
　을 한다. 95℃에서 약 1시간 30분간 구우면 토마토 콩피와 비슷한 상
　태가 된다.

코크

26쪽 솔티 마카롱 코크 레시피에 따라 코크를 만든다.

마카롱 완성하기

1 둥근 깍지를 끼운 짤주머니에 크림을 넣고, 코크 위에 가득 짠 뒤 그
　위에 올리브유를 1방울 떨어뜨린다.

2 방울토마토 콩피 1조각과 바질잎 1장을 차례로 올려준다.

3 같은 크기의 코크를 찾아 붙인다.

페타 치즈 토마토 마카롱

Macaron feta tomate séchée

분량 약 40개

재료

필링 : 페타 치즈 크림
페타 치즈 ··· 400g
버진 올리브오일 ··· 50ml
사리에트 혹은 오레가노 허브잎
  ··· ¼ 묶음
백후춧가루
플뢰르 드 셀
말린 토마토 ··· 100g
그린 올리브 타프나드 ··· 150g

그린 올리브 타프나드
그린 올리브, 마늘, 잣 등을 넣어 만든 프
로방스 지방의 소스

페타(feta)
양젖이나 우유로 만든 그리스 발칸 지
방 치즈.

>>> *How to make*

페타 치즈 크림

1 페타 치즈는 마카롱을 만들기 하루 전날 미리 준비해 놓는다. 페타
치즈를 우선 5mm 두께로 자른다. 이때 날이 잘 드는 칼을 뜨거운 물
에 담궈가며 잘라야 치즈 모양이 망가지지 않는다.

2 랩을 깔아놓은 오븐 팬 위에 **1**을 올리고, 올리브오일을 바른다. 그 위
에 잘게 썬 사리에트 또는 오레가노잎을 뿌리고 후추로 간을 한다. 치
즈 위에 랩을 한 번 더 씌운 뒤 냉장고에 넣고 하룻밤 정도 보관한다.

코크

26쪽 솔티 마카롱 코크 레시피에 따라 코크를 만든다.

마카롱 완성하기

1 말린 토마토를 작은 조각으로 자른다.

2 냉장고에 보관해둔 페타 치즈는 베이킹틀을 이용해 마카롱 코크와
같은 크기로 잘라준다.

3 코크의 평평한 면에 그린 올리브 타프나드를 바른 뒤 사리에트잎을
뿌린 동그란 모양의 페타 치즈를 올린다. 그 위에 말린 토마토 조각
을 뿌린다.

피에몬테 헤이즐넛 고르곤졸라 마카롱

Macaron gorgonzola noisettes du Piémont

분량 약 40개

재료

필링 : 고르곤졸라 크림
피에몬테 헤이즐넛 … 200g
고르곤졸라 치즈 … 400g
무염 버터 … 100g
말린 토마토 … 8개(4등분해 놓는다.)
백후춧가루

코크
파란색 색소
노란색 색소

>>> *How to make*

고르곤졸라 크림

1 피에몬테 헤이즐넛을 170℃ 오븐에서 10분간 구운 뒤 갈색으로 변한 헤이즐넛의 겉부분을 떼어낸다.

2 구운 헤이즐넛 100g과 고르곤졸라 치즈를 믹서기에 넣고 갈아준다.

3 잘게 자른 버터 조각과 후춧가루를 넣고 골고루 섞으면 부드럽고 윤기 나는 크림을 만들 수 있다. 냉장고에 보관한다.

코크

26쪽 솔티 마카롱 코크 레시피에 따라 코크를 만든다.

마카롱 완성하기

1 지름 8mm인 둥근 깍지를 끼운 짤주머니에 크림을 넣고, 코크 중앙에 짠다.

2 가장자리에 큐브 모양으로 자른 말린 토마토와 구운 헤이즐넛 조각을 번갈아 장식한다.

3 같은 크기의 코크를 찾아 붙인다.

피에몬테 헤이즐넛
이탈리아 피에몬테 지방에서 수확하는 양질의 헤이즐넛.

커민 묑스테르 치즈 마카롱

Macaron munster au cumin

분량 약 40개

재료

필링 : 묑스테르 크림
커민 씨 … 3큰술
묑스테르 치즈(혹은 반숙성 묑스테르 치
　즈) … 400g
무염 버터 … 100g
백후춧가루

코크
만다린 오렌지 색소

>>> *How to make*

묑스테르 크림

1 팬에 커민 씨를 넣고 2~3분간 볶는다.

2 스탠드 믹서기에 작은 조각으로 자른 묑스테르 치즈와 볶은 커민 씨를 넣고 갈아준다. 여기에 후춧가루와 잘게 자른 버터 조각을 넣고 골고루 섞는다. 완성된 크림은 냉장고에 넣어 조금 더 단단하게 굳힌다.

코크

26쪽 솔티 마카롱 코크 레시피에 따라 코크를 만든다. 반죽을 굽기 전, 커민 씨를 듬뿍 뿌려준다.

마카롱 완성하기

1 지름 8mm인 둥근 깍지를 끼운 짤주머니에 크림을 넣고, 코크 중앙에 짠다.

2 같은 크기의 코크를 찾아 붙인다.

핑크 페퍼콘 치즈 마카롱

Macaron tartare St Môret® poivre rose

Macarons salés classiques

분량 약 40개

재료
필링 : 후추 타르타르
핑크 페퍼콘(적후추) … 2큰술
타르타르 치즈 … 300g
세인트 모레(St Môret) 크림 치즈 … 100g
백후춧가루
플뢰르 드 셀
차이브 … 1묶음

코크
노란색 색소

>>> *How to make*

후추 타르타르

1 핑크 페퍼콘을 체에 한 번 거른다. 이때 체에 거른 가루 중 장식용으로 쓸 가루만 조금 덜어 놓는다.

2 장식용을 뺀 나머지 가루는 커피 그라인더나 미니 절구에 넣고 곱게 빻는다.

3 타르타르 치즈와 세인트 모레 치즈를 블렌더에 넣고 페퍼콘 가루를 첨가한다. 소금과 후추로 간을 한 뒤 크림 형태가 될 때까지 갈아주고 다른 그릇에 옮겨 담는다.

4 그릇에 랩을 씌우고 점성이 조금 더 생길 때까지 냉장고에 보관한다.

5 차이브 중 일부는 3cm 길이의 막대모양으로 자르고 나머지는 잘게 썬다.

코크

26쪽 솔티 마카롱 코크 레시피에 따라 코크를 만든다. 반죽은 타원형으로 짠다.

마카롱 완성하기

1 티스푼 2개를 이용해 치즈를 타원형 모양(퀸넬 모양)으로 만든다.

2 치즈를 코크의 평평한 면 위에 올린 뒤 핑크 페퍼콘 가루와 잘게 썬 차이브를 뿌린다. 막대 모양으로 자른 차이브를 올려 마무리한다.

무화과 포레스트 햄 마카롱
Macaron jambon Forêt-Noire figue

분량 약 40개

재료
필링 : 무화과 크림
말랑말랑한 건무화과 … 125g
플뢰르 드 셀
흑후춧가루
액상 생크림(유지방 함량 30% 이상)
　… 100g
양귀비 씨 … 2큰술
무화과 잼(혹은 무화과 처트니) … 75g

코크
분홍색 색소
블랙 포레스트 햄 … 200g

>>> *How to make*

무화과 크림

1 건무화과의 딱딱한 꼭지는 미리 제거하고 블렌더에 담아 부드러운 반죽이 나올 때까지 갈아준다.

2 여기에 플뢰르 드 셀과 흑후춧가루로 간을 한 뒤 생크림을 붓고 골고루 섞어준다.

3 팬에서 2~3분간 미리 볶아놓은 양귀비 씨를 **2**에 넣고 섞는다. 무화과의 맛을 좀 더 강하게 표현하고 싶다면 무화과 잼을 넣고 섞어주거나 코크 위에 크림을 올리기 전 발라주어도 좋다.

코크

26쪽 솔티 마카롱 코크 레시피에 따라 코크를 만든다. 반죽은 물방울 모양으로 짠다.

마카롱 완성하기

1 작은 삼각형 40개가 나오도록 햄을 자른다.

2 지름 8mm인 둥근 깍지를 낀 짤주머니에 크림을 넣고, 코크 위에 짠 뒤 그 위를 햄으로 잘 감싸준다.

3 같은 크기의 코크를 찾아 붙인다.

Tip

블랙 포레스트 햄
독일의 블랙 포레스트 지역에서 만든 훈제 햄.

초리조 감자 토마토 마카롱

Macaron chorizo tomate pomme de terre

분량 약 40개

재료

필링 : 초리조 감자 퓌레

감자(알이 작고 동글동글한 것)
　… 450g
버진 올리브오일 … 100ml
마늘 … 3쪽
토마토 … 2개
초리조 소시지 … 200g
차이브 … ½묶음

초리조 슬라이스

>>> *How to make*

초리조 감자 퓌레

1 감자는 깨끗이 씻은 뒤 껍질 채로 삶는다. 삶은 감자의 껍질을 벗기고 작은 조각으로 자른다.

2 팬에 버진 올리브오일을 두른 뒤 약한 불에 올린다. 여기에 껍질을 벗겨 다진 마늘을 넣고 2분 동안 볶아준다.

3 토마토는 껍질을 벗겨 씨를 빼고 작은 조각으로 썰어 **2**에 넣는다. 채소에서 물이 나올 때까지 잠시 기다렸다가 잘게 썬 초리조 소시지를 넣는다. 뚜껑을 덮고 10분간 채소의 수분이 완전히 날아갈 때까지 익힌다.

4 **1**을 넣고 10분간 더 익힌다(약한 불에서 채소의 수분을 완전히 제거해야 한다.). 수분이 날아가면 식을 때까지 기다렸다가 블렌더에 넣는다. 곱게 갈아 부드러운 퓌레가 되면 잘게 썬 차이브를 넣고 골고루 섞는다.

코크

26쪽 솔티 마카롱 코크 레시피에 따라 코크를 만든다.

마카롱 완성하기

1 지름 8mm인 둥근 깍지를 낀 짤주머니에 퓌레를 넣고, 코크의 볼록한 면 위에 짠다.

2 같은 크기의 코크를 뒤집어서 얹고, 그 위에 초리조 슬라이스를 올려 장식한다.

버터 햄 마카롱
Macaron jambon beurre

분량 약 40개

재료
필링 : 햄 크림
익히지 않은 수제 햄 … 400g
오이피클 국물 … 1큰술
백후춧가루
드미셀 버터 … 100g

코크
분홍색 색소

>>> *How to make*

햄 크림

1 스탠드 믹서기에 큐브 모양으로 자른 햄과 오이피클 국물, 후춧가루를 넣고 갈아준다.

2 여기에 버터 조각을 조금씩 넣으면서 계속 섞어주면 부드러운 크림이 완성된다. 맛을 보고 간을 한 뒤 완성된 크림은 사기그릇에 담아둔다.

코크

26쪽 솔티 마카롱 코크 레시피에 따라 코크를 만든다. 바닐라와 딸기의 2가지 색이 섞여 보이는 효과를 내기 위해 색소를 완전히 녹이지 않는다.

마카롱 완성하기

1 지름 8mm인 둥근 깍지를 낀 짤주머니에 크림을 넣고, 코크 위에 둥글게 짠다.

2 같은 크기의 코크를 찾아 붙인다.

리예트 마카롱
Macaron rillettes

분량 약 40개

재료

필링 : 리예트 크림
거위 리예트 … 400g
오이피클 … 5개
피클 국물 … 1큰술
흑후촛가루

코크
빨간색 색소

>>> *How to make*

리예트 크림

1 블렌더에 거위 리예트를 넣고 피클 국물을 1큰술 넣는다. 아주 부드러운 퓌레가 될때까지 갈아준 뒤 흑후촛가루로 간을 한다.

2 오이피클은 얇은 슬라이스가 40개 나오도록 자른다.

코크

26쪽 솔티 마카롱 코크 레시피에 따라 코크를 만든다.

마카롱 완성하기

1 코크 위에 피클 슬라이스를 1조각 올린다.

2 지름 8mm인 둥근 깍지를 낀 짤주머니에 리예트 크림을 넣고, 피클 위에 짠다.

3 같은 크기의 코크를 찾아 붙인다.

Tip

리예트(rillettes)
다진 고기를 기름과 섞어 불에 익혀 만드는 음식.

블랙 포레스트 치즈 마카롱

Macaron St Môret® Forêt-Noire

분량 약 40개

재료
필링 : 포레스트 햄 크림
검은 참깨 … 2큰술
포레스트 햄 … 400g
흑후춧가루
플뢰르 드 셀
세인트 모레 크림치즈 … 100g

코크
파란색 색소
검은색 색소
검은 참깨
홀스래디시 마요네즈 소스 … 50g

>>> *How to make*

포레스트 햄 크림

1 포레스트 햄을 가는 끈 모양으로 자른 뒤 블렌더에 넣고 갈아 부드러운 반죽을 만든다.

2 여기에 플뢰르 드 셀과 흑후추로 간을 한 뒤 세인트 모레 크림치즈를 넣고 한 번 더 갈아준다.

3 완성된 크림을 다른 그릇에 옮겨 담는다.

코크

26쪽 솔티 마카롱 코크 레시피에 따라 코크를 만든다. 반죽을 굽기 전, 반죽 위에 검은 참깨를 뿌려준다.

마카롱 완성하기

1 지름 8mm인 둥근 깍지를 낀 짤주머니에 크림을 넣고, 코크 위에 도넛 모양으로 짠다.

2 그 중앙에 홀스래디시 마요네즈 소스를 조금 올려준다.

3 같은 크기의 코크를 찾아 붙인다.

Macaron
salés
gastronomiques

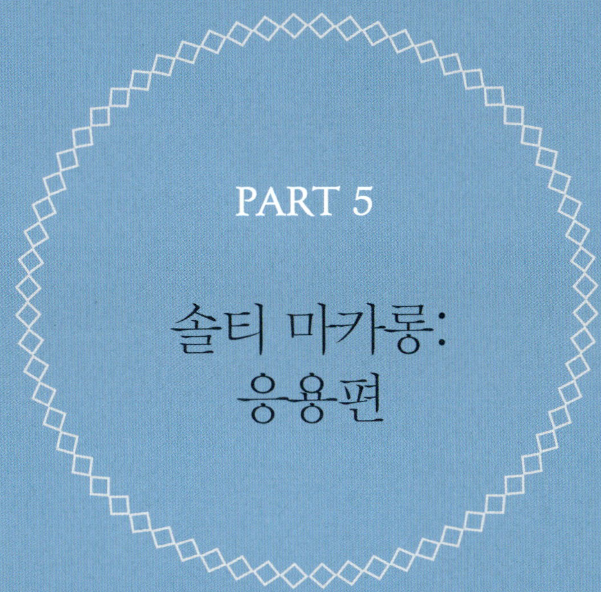
PART 5

솔티 마카롱:
응용편

발사믹 비트 마카롱
Macaron betterave balsamique

분량 약 40개

재료
필링 : 발사믹 비트
젤라틴 … 3장
발사믹 식초 … 300ml
오븐에 구운 장비트 … 500g
백후춧가루

코크
빨간색 색소
무가당 코코아 분말

>>> *How to make*

발사믹 비트

1 젤라틴은 아주 차가운 물에 넣어 불린다.
2 냄비에 발사믹 식초를 붓고, 식초의 양이 반으로 줄어 시럽 형태가 될때까지 약한 불에서 졸인다.
3 스탠드 믹서기에 큐브 모양으로 자른 장비트와 따뜻한 발사믹 시럽 100ml을 넣고 갈아준다. 반죽이 부드러워지면 간을 해서 비트 퓌레를 만든다.
4 젤라틴은 물기를 빼고 전자레인지에 넣어 10초간 돌린다.
5 녹인 젤라틴을 **3**에 넣고 스탠드 믹서기로 한 번 더 갈아준 뒤 다른 그릇에 담아둔다.

코크

26쪽 솔티 마카롱 코크 레시피에 따라 코크를 만든다. 시각적 효과를 더하기 위해 물방울 모양으로 코크 반죽을 짠다.

마카롱 완성하기

1 지름 8mm인 둥근 깍지를 낀 짤주머니에 발사믹 비트를 넣고, 코크 위에 짠다.
2 같은 크기의 코크를 찾아 붙인다.
3 남은 발사믹 시럽으로 코크의 뾰족한 부분을 장식한다.

자몽 타프나드 마카롱

Macaron tapenade pamplemousse

Macaron salés gastronomiques

분량 약 40개

재료

필링 : 타프나드
블랙 올리브(씨를 뺀 것) … 250g
케이퍼 … 3작은술
깐 마늘 … ½쪽
안초비 … 6마리
올리브유(혹은 블랙 올리브 타프나드)
 … 180g

필링 : 자몽 조각
자몽 … 1개

코크
검은색 색소
파란색 색소

>>> *How to make*

타프나드

1 올리브와 케이퍼, 마늘, 안초비를 스탠드 믹서기에 넣고 곱게 간다.
2 여기에 올리브유를 첨가해 부드러운 반죽을 만들고 냉장고에 보관한다.

자몽 조각

1 날이 잘드는 칼로 자몽 양끝을 잘라낸 뒤 위에서 아래로 잘라 4등분한다. 자몽의 껍질과 속살에 붙은 흰 껍질까지 조심스럽게 벗겨내 알맹이만 남겨놓는다.
2 자몽 알맹이는 작은 조각으로 자른 뒤 흡수지 위에 올려놓는다.

코크

26쪽 솔티 마카롱 코크 레시피에 따라 코크를 만든다.

마카롱 완성하기

1 지름 8mm인 둥근 깍지를 끼운 짤주머니에 타프나드를 넣고, 코크 중앙에 도넛 모양으로 짠다.
2 그 중앙에 자몽 조각을 올린다.
3 같은 크기의 코크를 찾아 붙인다.

자몽 콩피를 넣으면 마카롱을 좀 더 오래 보관할 수 있다(p.121 참고).

필발 적양파 마카롱

Macaron orinon rouge poivre long

분량 약 40개

재료

필링 : 양파 크림
적양파 … 8개
굵은 소금 … 500g
필발 … 4개
크리스프브레드 가루 … 50g(글루텐 무
   첨가)
백후춧가루
플뢰르 드 셀
셰리 식초 … 100ml
무염 버터 … 100g

코크
빨간색 색소
코코아 분말

크리스프브레드(crispbread)
밀이나 귀리 등을 바삭하게 구워 만든
얇은 비스킷.

>>> *How to make*

양파 크림

1 양파 1개의 껍질을 벗긴 뒤 얇게 슬라이스 한다. 유산지를 깐 팬에 올려 80℃로 예열된 오븐에서 약 3~4시간 정도 건조시킨다.

2 양파 7개는 껍질 채 깨끗이 씻은 뒤 가위로 뿌리 부분을 잘라낸다. 그라탱 그릇에 굵은 소금을 뿌리고 그 위에 양파를 통째로 올려 140℃ 오븐에서 1시간 15분 정도 굽는다. 완전히 식으면 껍질을 벗기고 알맹이만 남겨 놓는다.

3 2는 믹서기에 넣고 갈아 퓌레로 만든 뒤 냄비에 붓는다. 여기에 필발을 갈아 넣고 약한 불에서 10분 정도 끓여 재료의 수분을 뺀다. 크리스프브레드 가루를 뿌려 골고루 섞고 소금과 후추로 간을 한다.

4 다른 냄비에 셰리 식초를 붓고 양이 ⅔로 줄어들 때까지 끓인다. 뜨거운 식초를 **3**에 붓고 5~10분 정도 더 익힌다.

5 불을 끄고 퓌레가 미지근해질 때까지 기다렸다가 잘게 자른 버터를 조금씩 넣으면서 저어준다. 완성된 크림은 냉장고에 보관한다.

코크

26쪽 솔티 마카롱 코크 레시피에 따라 코크를 만든다.

마카롱 완성하기

1 톱니모양 깍지를 끼운 짤주머니에 크림을 넣고, 코크 위에 짠다.

2 같은 크기의 코크를 찾아 붙인다. 말린 양파 조각을 마카롱 위에 올려 장식한다.

레몬 올리브 브로콜리 마카롱

Macaron broccoli olive et citron

Macaron salés gastronomiques

분량 약 40개

재료

필링 : 브로콜리 필링
브로콜리 … 1개
샬롯 … 3개
레몬 콩피 … ½개 분량
버진 올리브오일 … 3큰술
그린 올리브(씨를 뺀) … 150g
플뢰르 드 셀
백후춧가루
파프리카 시즈닝 … 2꼬집
마스카포네 치즈 … 100g

코크
피스타치오 그린 색소
구운 피스타치오

>>> *How to make*

브로콜리 필링

1 작은 송이로 자른 브로콜리를 깨끗하게 씻은 뒤 소금물에 넣고 5~8분간 삶는다. 삶은 브로콜리는 찬물에 헹궈 열기를 뺀 뒤 물기를 완전히 제거한다.

2 샬롯은 껍질을 벗겨 잘게 썬다.

3 레몬 콩피로 제스트를 만든다.

4 올리브유를 두른 팬에 **2**를 넣고 뚜껑을 덮어 약한 불에서 익힌다. 여기에 **3**과 그린 올리브, **1**을 차례대로 넣는다.

5 플뢰르 드 셀과 후추, 파프리카 시즈닝으로 간을 한다. 재료의 수분이 완전히 날아가면 다른 그릇에 담은 뒤 식을 때까지 기다린다.

6 식은 재료를 믹서기에 넣고 섞는다. 여기에 마스카포네 치즈를 넣고 한 번 더 골고루 섞어준다.

코크

26쪽 솔티 마카롱 코크 레시피에 따라 코크를 만든다.

마카롱 완성하기

1 지름 8mm인 둥근 깍지를 끼운 짤주머니에 브로콜리 크림을 넣고, 코크 위에 짠다.

2 같은 크기의 코크를 찾아 붙인다. 코크 위에 구운 피스타치오를 올려 장식한다.

트뤼프 셀러리 마카롱

Macaron célery à la truffe

분량 약 40개

재료

필링 : 트뤼프 셀러리 크림
셀러리액 … 200g
치킨부용 … 250ml
트뤼프 즙(캔에 든 것) … 75g
달걀 노른자 … 4개
무염 버터 … 200g
백후춧가루
플뢰르 드 셀

코크
검은색 색소
식용 은가루를 입힌 설탕 구슬

>>> *How to make*

트뤼프 셀러리 크림

1 셀러리액을 작은 조각으로 자른다.

2 치킨부용을 부은 냄비에 **1**을 넣고 소금을 약간 뿌린 뒤 뚜껑을 덮은 채 20분간 끓인다. 10분 뒤, 트뤼프 즙을 넣고 10분 더 끓인다. 이때 재료가 끓기 시작하면 바로 불을 꺼야 한다.

3 셀러리액을 건져내 물기를 빼고 냄비에 남은 국물은 사기그릇에 담는다(남은 국물은 약 150g 정도가 필요하다.). 국물이 완전히 식으면 달걀 노른자 4개를 넣고 섞는다.

4 사기그릇을 중탕기에 넣고 재료를 잘 저어준다. 재료가 끓어 넘치지 않도록 중간중간 불에서 내린다(이렇게 서서히 익혀야 점성이 강한 사바이옹을 만들 수 있다). 사바이옹을 떠서 흘렸을 때 계단 모양으로 서서히 떨어지는 정도가 되면 불을 끄고 계속 저어가며 식혀준다.

5 여기에 버터 조각을 조금씩 넣어가며 섞는다.

6 녹인 버터가 약간 굳을 때까지 기다리되 완전히 식지 않도록 주의한다. 버터가 조금 굳으면 필링 채우는 작업이 훨씬 수월해진다.

코크

26쪽 솔티 마카롱 코크 레시피에 따라 코크를 만든다.

마카롱 완성하기

1 지름 8mm인 둥근 깍지를 끼운 짤주머니에 크림을 넣고, 코크 위에 짠다.

2 같은 크기의 코크를 찾아 붙인다. 사진처럼 마카롱을 쌓고 식용 은가루를 입힌 설탕 구슬로 장식한다.

커민 피망 잼 마카롱

Macaron confiture de poivron cumin

Macaron salés gastronomiques

분량 약 40개

재료
필링 : 피망 잼
커민씨 … 1큰술
노란색 • 빨간색 피망 … 500g
설탕 … 250g
펙틴 … 5g
레몬즙 … 15g

코크
빨간색 색소

>>> *How to make*

피망 잼

1 커민 씨는 팬에서 2~3분 볶은 뒤 칼의 평평한 부분을 사용해 곱게 빻는다.

2 피망은 잘 씻어 조심스럽게 껍질을 벗기고 믹서에 갈아 즙을 낸다.

3 바닥이 두꺼운 냄비에 **2**를 붓고 설탕과 펙틴을 넣는다. 중간 불에서 재료를 계속 저으며 끓여준다.

4 여기에 레몬즙과 **1**을 넣어 골고루 섞고, 2~3분 정도 끓인다. 잼을 조금 덜어 차가운 접시에 올려보면 완성됐는지 확인할 수 있는데, 완성된 잼은 접시에서 흐르지 않고 빠른 속도로 덩어리진다. 잼이 식어서 미지근해지면 냉장고에 넣어 굳힌다.

코크

26쪽 솔티 마카롱 코크 레시피에 따라 코크를 만든다.

마카롱 완성하기

1 지름 8mm인 둥근 깍지를 끼운 짤주머니에 잼을 넣고, 코크 위에 짠다.
2 같은 크기의 코크를 찾아 붙인다.

Tip
위의 레시피에 따라 다양한 채소를 베이스로 한 잼을 만들 수 있다. 아니면 준비한 설탕의 절반만 사용해 만든 캐러멜 소스에 채소를 넣어 필링을 만들기도 한다.

그래니 애플 카레 포티마롱 마카롱

Macaron potimarron curry pomme granny

분량 약 40개

재료

필링 : 포티마롱 퓌레
포티마롱(단호박) … 1개(씨를 긁어내고
  말린 호박이 500g이 되려면 무게가
  적어도 800g~1.2kg 정도 되는 호박을
  준비해야 한다.)
젤라틴 … 3장
카레 가루 … 10g
그래니 스미스 사과 … 2알(아오리 사과
  로 대체 가능)
무염 버터 … 75g
백후춧가루 *
플뢰르 드 셀

코크

피스타치오 그린 색소
아몬드 가루(반죽에 쓰일 재료 외에 여
분으로 준비)

>>> *How to make*

포티마롱 퓌레

1 잘 씻은 포티마롱을 반으로 자른 뒤 속의 씨를 긁어내고, 그라탱 그
릇에 뒤집어 넣는다. 150℃ 오븐에서 약 45분간 굽는다.

2 젤라틴은 차가운 물이 담긴 그릇에 넣고 불린다.

3 굽기가 끝나면 포티마롱이 식을 때까지 기다렸다가 숟가락으로 속살
을 긁어낸다. 긁어낸 살은 체에 한 번 거른 뒤 냄비에 넣는다.

4 냄비에 카레 가루를 뿌린 뒤 골고루 섞어 포티마롱 퓌레를 만든다.
퓌레가 냄비 바닥에 눌러 붙지 않도록 계속 저으면서 약한 불에서 10
분간 끓여 수분을 제거해준다.

5 껍질을 벗겨 강판에 간 사과를 넣고 10분간 더 익힌다. 재료가 모두
익으면 불을 끄고 미지근해질 때까지 기다린다.

6 여기에 물기를 빼 으깬 젤라틴을 넣고 잘 섞어준다. 잘게 자른 버터
조각을 조금씩 넣으면서 골고루 섞은 뒤 냉장고에 보관한다.

코크

26쪽 솔티 마카롱 코크 레시피에 따라 코크를 만든다. 반죽을 굽기 전,
아몬드 가루를 체에 걸러 코크 반죽 위에 뿌려준다.

마카롱 완성하기

1 지름 8mm인 둥근 깍지를 끼운 짤주머니에 퓌레를 넣고, 코크 위에
짠다.

2 같은 크기의 코크를 찾아 붙인다.

카레 가루 이외의 다른 향신료를 사용하면 다양한 맛과 향을 낼 수 있다.

채소 마카롱
(파프리카, 참깨, 파, 무, 당근을 넣은)
Macaron carotte navet poireau sésame paprika

분량 약 40개

재료

필링 : 채소 퓌레
당근 ⋯ 200g
무 ⋯ 200g
파 ⋯ 2개
샬롯 ⋯ 3개
버진 올리브오일 ⋯ 3큰술
플뢰르 드 셀
파프리카 시즈닝 ⋯ 20g
참기름 ⋯ 1작은술
백후춧가루

코크
오렌지색 색소
파프리카 시즈닝
참깨

>>> *How to make*

채소 퓌레

1 준비한 채소(당근, 무, 파, 샬롯)는 모두 깨끗이 씻어 껍질을 벗긴다. 당근과 무, 파는 둥글게 썰거나 큐브 모양으로 썰고, 샬롯은 잘게 다진다.

2 뜨겁게 달군 무쇠냄비에 올리브유를 두르고 다진 샬롯을 넣은 뒤 소금을 약간 넣는다. 샬롯이 노릇하게 변할 때까지 볶아준다.

3 여기에 다른 채소를 모두 넣고 파프리카 시즈닝을 골고루 뿌린다. 재료를 잘 섞은 뒤 뚜껑을 덮고 약 15분간 익힌다.

4 채소가 익으면 냄비를 불에서 내리고 참기름과 후추로 간을 한다.

5 익힌 채소를 블렌더에 옮겨 담은 뒤 부드러운 퓌레가 될 때까지 갈아준다. 믹서기에 갈기 전에 재료의 수분을 완전히 제거해야 한다. 퓌레가 약간 단단해질 때까지 냉장고에 보관한다.

코크

26쪽 솔티 마카롱 코크 레시피에 따라 코크를 만든다. 반죽은 네모 모양으로 짜고 굽기 전, 반죽 위에 파프리카 시즈닝과 참깨를 듬뿍 뿌려준다.

마카롱 완성하기

1 지름 8mm인 둥근 깍지를 끼운 짤주머니에 퓌레를 담고, 코크 위에 짠다.

2 같은 크기의 코크를 붙인다.

오이 사과 차지키 마카롱

Macaron tzatziki pomme concombre

분량 약 40개

재료

필링 : 말린 사과 · 오이
사과 … 8개(알이 작은 것)
슈거파우더
미니 오이 … 3개
올리브 오일
백후춧가루

코크
노란색 색소
차지키 소스 … 300g

>>> *How to make*

말린 사과·오이

1 마카롱 만들기 하루 전, 사과를 깨끗이 씻어 껍질을 벗긴 뒤 얇게 슬라이스 한다.

2 베이킹 틀로 씨 부분을 동그랗게 잘라낸 뒤 유산지를 깔아놓은 오븐팬에 올린다. 그 위에 슈거파우더를 뿌리고 80℃ 오븐에서 3~4시간 정도 건조시킨다.

3 오이는 깨끗이 씻어 껍질을 벗긴다. 두께 5mm 정도로 썬 뒤 흡수지에 올려 건조시킨다. 오이 위에 올리브유를 바른 뒤 그라인더를 1바퀴 돌려 후춧가루를 뿌린다.

코크

26쪽 솔티 마카롱 코크 레시피에 따라 코크를 만든다.

마카롱 완성하기

1 코크에 차지키 소스를 1작은술 정도 얹은 뒤 말린 사과 1조각을 올린다.

2 그 위에 차지키 소스를 얹고 둥글게 썬 오이 1조각과 말린 사과 1조각을 차례대로 올린다.

차지키 소스
요구르트에 오이, 양파. 마늘 등을 넣어서 만드는 소스로 빵이나 올리브에 찍어 먹는다.

라임 버베나 연어 마카롱

Macaron saumon mariné verveine citron vert

Macaron salés gastronomiques

분량 약 40개

재료

필링 : 염장 연어 크림
연어 살 ⋯ 400g
라임 제스트 ⋯ 라임 1개 분량
버베나 에센스(혹은 생 버베나잎이나 말
　린 버베나잎 15장) ⋯ 5방울
백후춧가루
액상 생크림(유지방 함량 30% 이상)
　⋯ 75g
무염 버터 ⋯ 100g
호박 씨 ⋯ 80개

>>> *How to make*

염장 연어 크림

1 스탠드 믹서기에 잘게 자른 염장 연어 살과 라임 제스트, 버베나 에센스, 후추를 넣는다. 재료를 곱게 갈아준 뒤 생크림을 넣고 골고루 섞는다.

2 여기에 잘게 썬 버터 조각을 조금씩 넣으면서 잘 섞어주고, 싱거우면 간을 한다. 완성된 크림은 사기그릇에 담아둔다.

코크

26쪽 솔티 마카롱 코크 레시피에 따라 코크를 만든다. 반죽을 굽기 전, 반죽 중앙에 호박 씨 1개를 올린다.

마카롱 완성하기

1 톱니모양 깍지(둥근 깍지도 가능)를 끼운 짤주머니에 크림을 넣고, 코크 위에 짠다.

2 같은 크기의 코크를 찾아 붙인다.

베르가모트 훈제 연어 마카롱

Macaron saumon fumé bergamote

분량 약 40개

재료

필링 : 연어 크림
훈제연어 살 … 400g
베르가모트 에센스 … 5방울
백후춧가루
액상 생크림(유지방 함량 30% 이상)
　… 75g
무염 버터 … 100g

코크
노란색 색소
빨간색 색소
에스플레트 고춧가루

>>> *How to make*

연어 크림

1 스탠드 믹서기에 잘게 자른 훈제연어 살과 베르가모트 에센스, 후추를 넣는다. 재료를 곱게 갈아준 뒤 생크림을 넣고 골고루 섞는다.

2 여기에 잘게 썬 버터 조각을 조금씩 넣으며, 골고루 섞고 맛을 본 뒤 싱거우면 간을 한다. 완성된 크림은 사기그릇에 담아둔다.

코크

26쪽 솔티 마카롱 코크 레시피에 따라 코크를 만든다. 반죽을 굽기 전, 에스플레트 고춧가루를 뿌린다.

마카롱 완성하기

1 지름 8mm인 둥근 깍지를 끼운 짤주머니에 크림을 넣고, 코크 위에 짠다.

2 같은 크기의 코크를 찾아 붙인다.

홀스래디시 크랩 타라마 마카롱

Macaron tarama de crabe raifort

Macaron salés gastronomiques

분량 약 40개

재료

필링 : 크랩 타라마
게살 … 400g
홀스래디시 소스 … 2작은술
레몬즙 … 레몬 ½개 분량
달걀 노른자 … 1개
화이트 치즈(지방 함량 40%) … 50g
포도씨유 … 100㎖
고수잎 … ½묶음
백후춧가루

코크
빨간색 색소
식용 은가루

>>> *How to make*

크랩 타라마

1 스탠드 믹서기에 게살과 홀스래디시 소스, 레몬즙, 후추를 넣는다. 재료를 곱게 갈아준 뒤 달걀 노른자와 화이트 치즈를 넣고 골고루 섞는다.

2 여기에 마요네즈를 만들 때처럼 포도씨유를 조금씩 부어가며 저어 타라마를 만든다.

3 완성된 타라마에 잘게 썬 고수잎을 뿌린다. 조금 단단해질 때까지 냉장고에 보관한다.

코크

26쪽 솔티 마카롱 코크 레시피에 따라 코크를 만든다.

마카롱 완성하기

1 지름 8mm인 둥근 깍지를 끼운 짤주머니에 타라마를 넣고, 코크 위에 짠다.

2 같은 크기의 코크를 찾아 붙인다.

3 마카롱 위에 은가루를 뿌려 장식한다.

타라마(Tarama)
그리스 요리나 터키 요리에 많이 쓰이는 생선이나 생선 알로 만든 페이스트.

곰새우 유자미소된장 마카롱

Macaron crevettes grises miso au yuzu

Macaron salés gastronomiques

분량 약 40개

재료

필링 : 곰새우 무스
곰새우(껍질 벗긴) … 250g
라임 제스트 … 라임 ½개 분량
미소된장(유자청을 넣은) … 50g
발효 생크림(되직한 질감, 사워크림으로
　대체 가능) … 75g
무염 버터 … 100g
백후춧가루
차이브 … ½묶음

코크
노란색 색소

>>> *How to make*

곰새우 무스

1 스탠드 믹서기에 곰새우와 라임 제스트, 미소된장을 넣고 갈아준 뒤
　발효 생크림을 섞는다.

2 여기에 버터를 조금씩 넣으며 섞고 후추로 간을 한 뒤, 다시 한 번 재
　료를 골고루 섞어준다.

3 완성된 무스에 잘게 썬 차이브를 넣고 섞는다.

코크

26쪽 솔티 마카롱 코크 레시피에 따라 코크를 만든다. 반죽을 굽기 전,
그라인더를 사용해 후추를 뿌려준다.

마카롱 완성하기

1 지름 8mm인 둥근 깍지를 끼운 짤주머니에 무스를 넣고, 코크 위에
　짠다.

2 같은 크기의 코크를 찾아 붙인다.

와사비 정어리 마카롱

Macaron sardine wasabi

분량 약 40개

재료

필링 : 정어리 무스
정어리 캔(올리브유에 절인) … 400g
레몬즙 … 레몬 ½개 분량
두유 … 75g
와사비 소스 … 1작은술
버진 올리브오일 … 100㎖
백후춧가루

코크
갈색 색소
와사비에 볶은 깨 … 3큰술
식용 금가루

>>> *How to make*

정어리 무스

1 캔에 든 정어리를 꺼내 뼈를 발라내고 지느러미를 제거한다.

2 스탠드 믹서기에 손질한 정어리 살과 레몬즙, 두유, 와사비 소스를 넣는다. 재료를 한 번 갈아준 뒤 후추와 올리브유를 넣고 골고루 섞는다.

3 완성된 무스를 다른 그릇에 옮겨 담고 모양을 잡을 수 있도록 2시간 정도 냉장고에 보관한다.

코크

26쪽 솔티 마카롱 코크 레시피에 따라 코크를 만든다.

마카롱 완성하기

1 지름 8㎜인 둥근 깍지를 낀 짤주머니에 무스를 넣고, 코크 위에 짠다.

2 그 위에 와사비에 볶은 깨를 뿌린다.

3 같은 크기의 코크를 찾아 붙인다. 마른 브러시로 마카롱 표면에 금가루를 입힌다.

골든 레이즌 호두 로크포르 마카롱

Macaron roquefort noix raisins golden

Macaron salés gastronomiques

분량 약 40개

재료

필링 : 로크포르 크림
호두(껍데기를 깐) ⋯ 125g
로크포르 치즈 ⋯ 375g
무염 버터 ⋯ 100g
백후춧가루

코크
파란색 색소
노란색 색소
로크포르 치즈 ⋯ 50g
골든 레이즌(청건포도) ⋯ 100g

>>> *How to make*

로크포르 크림

1 호두를 170℃ 오븐에서 10분간 굽는다.

2 스탠드 믹서기에 구운 호두 85g과 로크포르 치즈 375g을 넣고 갈아준다.

3 여기에 잘게 자른 버터와 후추를 넣고 부드러운 반죽이 나올 때까지 골고루 섞어준다. 완성된 크림이 조금 단단해지도록 냉장고에 보관한다.

코크

26쪽 솔티 마카롱 코크 레시피에 따라 코크를 만든다.

마카롱 완성하기

1 스푼 2개를 이용해 로크포르 크림을 작은 퀸넬 모양으로 만들어 코크 중앙에 올린다.

2 그 위에 작은 치즈 조각과 호두 조각, 골든 레이즌을 올려 장식한다.

루콜라 쉐브르 마카롱

Macaron chèvre frais roquette sésame noir

Macaron salés gastronomiques

분량 약 40개

재료
필링 : 피스투 크림
염소치즈 … 400g
검은깨
생 루콜라 … 70g
파르메산 치즈가루 … 1큰술
잣 … 1큰술
햇마늘(껍질 깐) … 2쪽
버진 올리브오일 … 150ml
백후춧가루
플뢰르 드 셀

코크
빨간색 색소

>>> *How to make*

피스투 크림

1 마카롱 만들기 하루 전, 면보나 흡수지 위에 염소치즈를 올려 물기를 빼둔다.
2 루콜라는 꼭지를 떼고 깨끗이 씻은 뒤 물기를 완전히 빼준다.
3 블렌더에 루콜라와 파르메산 치즈가루, 잣, 마늘을 넣고 소금과 후추로 간을 한 뒤 미지근한 올리브유를 붓는다. 피스투 크림의 질감(기름기가 있으면서도 약간 되직한)이 나올 때까지 재료를 갈아준다.
4 염소치즈는 체에 거른 뒤 **3**에 넣어 섞는다. 맛을 보고 간이 맞으면 냉장고에 보관한다.

코크

26쪽 솔티 마카롱 코크 레시피에 따라 코크를 만든다. 반죽을 굽기 전, 반죽 위에 검은깨를 뿌린다.

마카롱 완성하기

1 톱니모양 깍지를 낀 짤주머니에 크림을 넣고, 코크 위에 짠다.
2 같은 크기의 코크를 찾아 붙인다.

Tip
피스투(pistou) 크림
마늘, 올리브 오일, 바질 등을 넣어 만든 소스

프룬 마카다미아 콩테 마카롱

Macaron comté noix de macadamia pruneaux

Macaron salés gastronomiques

분량 약 40개

재료

필링 : 콩테 크림
마카다미아 ⋯ 100g
콩테 치즈 ⋯ 400g(가능하면 18개월 정도
　숙성시킨 것)
드라이 화이트 와인 ⋯ 100ml
백후춧가루

프룬 처트니(혹은 프룬 잼이나 블랙 체
　리 간 것) ⋯ 100g

>>> *How to make*

콩테 크림

1 마카다미아를 170℃ 오븐에서 10분간 굽는다.

2 스탠드 믹서기에 작은 조각으로 자른 콩테 치즈와 **1**을 넣고 끓인 화
　이트 와인을 부은 뒤 잘 섞어준다.

3 후추로 간을 하고 골고루 섞어 부드러운 크림을 만든다. 완성된 콩테
　크림은 냉장고에 보관한다.

프룬 처트니

프룬 처트니는 체에 한 번 걸러 불필요한 부분을 걸러낸다. 짤주머니
의 끝부분을 살짝 잘라낸 뒤 깍지를 끼우지 않고 걸러낸 프룬 처트니
를 채운다.

코크

26쪽 솔티 마카롱 코크 레시피에 따라 코크를 만든다.

마카롱 완성하기

1 작은 크기의 둥근 깍지를 낀 짤주머니에 콩테 크림을 채운다.

2 코크의 평평한 면(사진 참조)에 콩테 크림을 가늘게 짜고, 사이사이
　에 프룬 처트니를 짜 색이 조화를 이루도록 한다.

오렌지 가지 칠면조 마카롱

Macaron dinde aubergine orange

Macaron salés gastronomiques

분량 약 40개

재료

필링 : 가지 퓌레
굵은 가지 ⋯ 1개
칠면조 햄 ⋯ 400g
양파 ⋯ 1개
오렌지 ⋯ 1개(제스트 및 즙을 낸다.)
올리브유 ⋯ 3큰술
백후춧가루
플뢰르 드 셀(혹은 가는 소금)

코크
빨간색 색소
노란색 색소

>>> *How to make*

가지 퓌레

1 가지는 깨끗이 씻어 큐브 모양으로 썰고, 소금 1작은술을 넣은 그릇에 넣어 30분 동안 절인다.

2 칠면조 햄은 가늘게 자르고, 양파는 껍질을 벗겨 잘게 다진다.

3 절인 가지는 물에 헹군 뒤 손으로 꼭 짜서 물기를 최대한 뺀다. 팬에 올리브유를 두르고 가지를 넣은 뒤 약한 불에서 5분간 볶는다.

4 여기에 **2**를 넣고, 그 위에 오렌지 제스트를 올린 뒤 후추를 뿌리고 뚜껑을 덮는다.

5 약 10분간 익힌 후 오렌지즙을 넣어 재료를 묽게 만든다. 오렌지즙이 모두 졸아들 때까지 10분간 더 익힌다(수분을 완전히 제거할 것). 재료가 식으면 블렌더에 옮겨 담은 뒤 부드럽고 고운 퓌레가 될 때까지 갈아준다.

코크

26쪽 솔티 마카롱 코크 레시피에 따라 코크를 만든다. 원한다면 반죽을 굽기 전, 반죽 위에 오렌지 제스트를 올려도 좋다.

마카롱 완성하기

1 지름 8mm인 둥근 깍지를 낀 짤주머니에 퓌레를 넣고, 코크 위에 짠다.
2 같은 크기의 코크를 찾아 붙인다.

푸아그라 마카롱

Macaron foie gras

분량 약 40개

재료

필링 : 푸아그라 크림
버터 … 60g
푸아그라 테린 … 220g

필링 : 게부르츠트라미너 젤리
젤라틴 … 2g
게부르츠트라미너 와인 … 100g
후춧가루
플뢰르 드 셀 … 한 꼬집
기꼬만 간장(혹은 일반 간장) … 1방울
크노르 치킨 브로스 큐브 스톡 … 약간

코크
식용 금박(선택 사항)

푸아그라 테린
거위 간을 다져 틀에 넣고 식힌 뒤 얇게
썰어 만든 음식.

게부르츠트라미너(gewurztraminer)
알자스 지방에서 생산되는 화이트 와인.

>>> *How to make*

푸아그라 크림

1 푸아그라는 사용 10분 전, 냉장고에서 꺼내 둔다. 미지근해야 버터
와 섞을 때 버터가 굳는 것을 방지할 수 있다.

2 볼에 버터를 담고 가벼운 흰색 무스가 나올 때까지 10분간 휘핑한다.

3 **2**에 **1**을 조금씩 나눠 넣으면서 휘핑한다. 적어도 2분 이상 휘핑해야
부드럽고 윤기 나는 크림을 만들 수 있으며, 너무 묽으면 냉장고에
10분 정도 보관한 뒤 한 번 더 섞어준다.

게부르츠트라미너 젤리

1 젤라틴을 차가운 물에 넣어 불린다.

2 냄비에 게부르츠트라미너 와인을 50g만 부어 약한 불에 올리고, 끓
으면 나머지 재료를 모두 넣어 소스를 만든다.

3 여기에 물기를 빼고 으깬 젤라틴을 넣는다(와인 소스가 뜨거워야 젤
라틴이 잘 녹는다.). 와인 50g을 냄비에 마저 붓는다. 완성된 소스는
냉장고에 1시간 이상 보관한다.

코크

26쪽 솔티 마카롱 코크 레시피에 따라 코크를 만든다.

마카롱 완성하기

1 지름 8mm인 둥근 깍지를 끼운 짤주머니에 크림을 넣고, 코크 가장
자리를 따라 도넛 모양으로 짠다.

2 그 중앙에는 젤리를 얹는다.

3 같은 크기의 코크를 찾아 붙인다. 원한다면 식용 금박으로 마카롱을
장식해도 좋다.

염장 오리 푸아그라 마카롱

Macaron foie gras mariné sel fumé

분량 약 40개

재료

필링 : 푸아그라 퓌레
생 오리 푸아그라 ⋯ 500g
우유(전지유)
가는 소금 ⋯ 4g
후춧가루 ⋯ 1g
설탕 ⋯ 2g
아질산나트륨 ⋯ 1g
훈제 크리스털 소금 ⋯ 12g
무염 버터 ⋯ 100g

코크
갈색 색소 혹은 코코아 분말

>>> *How to make*

푸아그라 퓌레

1 마카롱 만들기 2일 전, 오리 푸아그라의 핏줄을 제거한 뒤 우유에 넣어 상온에서 1시간 정도 둔다. 건져낸 푸아그라는 완전히 건조시킨다.

2 건조시킨 푸아그라의 무게가 500g 정도가 되면 가는 소금, 후춧가루, 설탕, 아질산나트륨을 푸아그라 위에 골고루 뿌려 간을 한다.

3 훈제 크리스털 소금 6g은 제일 위에 뿌려준다.

4 푸아그라에 랩을 씌워 2일 이상 냉장고에 넣어 염장시킨다.

5 마카롱 만들기 전 푸아그라를 싼 랩을 벗기고 큐브 모양으로 잘라 블렌더에 갈아준다. 중간중간 버터 조각을 넣으면서 골고루 섞어 간을 해 퓌레를 만든다.

코크

26쪽 솔티 마카롱 코크 레시피에 따라 코크를 만든다. 반죽을 굽기 전, 장식용으로 훈제 크리스털 소금을 조금 뿌린다.

마카롱 완성하기

1 톱니 모양 깍지를 낀 짤주머니에 퓌레를 넣고, 코크 위에 작은 물결 모양으로 짠다.

2 같은 크기의 코크를 찾아 붙인다.

푸아그라 가나슈 마카롱

Macaron foie gras épicé

분량 약 40개

재료

필링 : 버터 푸아그라 가나슈
다크 초콜릿(카카오 함량 60~70% 이상)
　… 250g
액상 생크림(유지방 함량 40% 이상)
　… 200g
버터 … 40g
푸아그라 … 200g

펭데피스 가루
펭데피스 … 5조각

코크
빨간색 색소
무가당 코코아 분말 … 30g
플뢰르 드 셀
후춧가루

펭데피스(pain d'épice)
향신료가 들어간 빵. 펭데피스 가루는 미리 만들어 놓으면 마카롱 만드는 시간을 절약할 수 있을 뿐만 아니라 아이스크림이나 케이크 등 베이킹 시 유용하게 사용할 수 있다.

>>> *How to make*

버터 푸아그라 가나슈

1 다크 초콜릿을 잘게 썰어 그릇에 담는다.

2 냄비에 생크림을 붓고 중간 불에서 끓자마자 절반을 **1**에 붓는다. 초콜릿이 녹을 때까지 기다렸다가 재료가 골고루 섞이도록 저어주고 남은 크림을 마저 부어 천천히 섞는다.

3 여기에 버터 조각을 넣고 골고루 섞는다. 상온에 두고 굳힌다.

펭데피스 가루

1 오븐 팬 위에 펭데피스 5조각을 올린다. 150℃ 오븐에서 약 30분간 건조시키면 수분이 완전히 날아가 바삭바삭해진다.

2 펭데피스가 식으면 블렌더에 넣고 갈아 고운 가루로 만든다.

코크

26쪽 솔티 마카롱 코크 레시피에 따라 코크를 만든다. 7번 과정에서 아몬드 가루와 슈거 파우더를 섞은 뒤 무가당 코코아 분말 30g을 넣는다. 반죽을 굽기 전, 펭데피스 가루를 체에 거른 뒤 반죽 위에 골고루 뿌려준다. 가루가 너무 많이 묻었다면 팬을 살짝 기울인 뒤 스패츌러로 두드려 가루를 털어내면 된다.

마카롱 완성하기

1 지름 8mm인 둥근 깍지를 끼운 짤주머니에 가나슈를 넣고, 코크 가장자리를 따라 도넛 모양으로 짠다.

2 그 중앙에 큐브 모양으로 자른 푸아그라를 올린다. 푸아그라 조각 위에 후춧가루와 플뢰르 드 셀을 뿌려준다.

3 같은 크기의 코크를 찾아 붙인다.

호두 누가틴 푸아그라 마카롱

Macaron foie gras mi-cuit nougatione de noix

Macaron salés gastronomiques

분량 약 40개

재료

필링 : 푸아그라 버터 & 호두 누가틴
푸아그라 … 400g
무염 버터 … 100g
백후춧가루
플뢰르 드 셀
호두(껍데기를 깐) … 100g
설탕 … 100g

누가틴(nougatine)
설탕, 달걀, 견과류 등을 넣어 만든 누가.

>>> *How to make*

푸아그라 버터

1 스탠드 믹서기에 살짝 익힌 푸아그라를 큐브 모양으로 잘라 넣는다.

2 퓌레 형태가 될 때까지 갈아준 뒤 잘게 자른 버터 조각을 천천히 나눠 넣으면서 골고루 섞고 소금, 후추로 간을 한다. 퓌레가 너무 묽다면 냉장고에 넣어 살짝 굳힌다.

호두 누가틴

1 호두를 오븐 팬에 올리고 150℃ 오븐에서 7~8분 정도 굽는다.

2 냄비에 물 50g과 설탕을 넣은 뒤 중간 불에서 121℃가 될 때까지(혹은 작은 기포가 올라올 때까지) 끓인다.

3 여기에 구운 호두를 넣고 캐러멜 형태가 될 때까지 계속 저으면 누가틴이 완성된다. 누가틴을 차가운 오븐 팬에 부어 굳힌 뒤 스탠드 믹서기에서 입자가 약간 굵은 가루가 될 때까지 갈아준다.

코크

26쪽 솔티 마카롱 코크 레시피에 따라 코크를 만든다. 반죽을 굽기 전, 그 위에 호두 누가틴 가루를 살짝 뿌린다.

마카롱 완성하기

1 지름 8mm인 둥근 깍지를 끼운 짤주머니에 푸아그라 버터를 넣고, 코크 중앙에 짠다.

2 같은 크기의 코크를 찾아 붙이고 누가틴 가루에 굴려 옷을 입힌다.

화이트 포르토 젤리를 바른
푸아그라 마카롱

Macaron foie gras confit gelée de porto blanc

Macaron salés gastronomiques

분량 약 40개

재료

필링 : 푸아그라
푸아그라 콩피 … 500g

필링 : 화이트 포르토 젤리
젤라틴 … 3장
화이트 포르토 와인 … 500ml

코크
노란색 색소
초록색 색소
빨간색 색소
백후춧가루
플뢰르 드 셀
식용 은가루를 입힌 설탕 구슬 … 40개

푸아그라 콩피
오리, 거위 등의 각종 육류를 기름에 담근 뒤 향신료를 넣어 보관한 것

>>> *How to make*

푸아그라

1 푸아그라를 기름에서 꺼내 약 3mm 두께로 슬라이스한다. 날이 잘 드는 칼을 뜨거운 물에 수시로 담가 사용하면 푸아그라의 모양이 망가지지 않는다.

2 랩을 씌운 오븐 팬 위에 푸아그라 슬라이스를 올리고, 코크보다 약간 작은 둥근 모양의 베이킹틀로 푸아그라 조각이 40개가 나오도록 자른다.

3 자른 푸아그라 조각은 그릴 위에 올려 냉장고에 보관한다.

화이트 포르토 젤리

1 젤라틴을 아주 차가운 물에 넣어 불린다.

2 작은 냄비에 화이트 포르토 와인을 붓고 중간 불에서 양이 반으로 줄어들 때까지 졸인 뒤 불을 끄고 불린 젤라틴을 넣어 섞는다. 냄비 채로 얼음과 찬물을 가득 넣은 그릇에 넣어 재료를 식힌 뒤 젤리가 굳기 전에(약 20℃쯤) 냄비를 꺼낸다.

3 푸아그라에 화이트 포르토 젤리를 바르고 냉장고에 15분간 보관한다.

코크

26쪽 솔티 마카롱 코크 레시피에 따라 코크를 만든다.

마카롱 완성하기

1 푸아그라 조각 위에 소금과 후추를 뿌려 간을 한 뒤 코크의 볼록한 면 위에 얹는다.

2 식용 은가루를 입힌 설탕 구슬을 올려 장식한다.

THE
MACARON
더 마카롱

초판 1쇄 발행 2015년 2월 17일
초판 5쇄 발행 2019년 2월 28일

지은이 크리스토프 펠더
옮긴이 차은화
펴낸이 김영조
콘텐츠기획1팀 정보영, 서수빈
콘텐츠기획2팀 구효선, 김유진
마케팅팀 이유섭, 배태욱
경영지원팀 정은진
외부스태프 본문디자인 김영심
　　　　　　 표지디자인 ALL design group
펴낸곳 싸이프레스
주소 서울시 마포구 양화로7길 4-13(서교동 392-31) 302호
전화 02-335-0385/0399
팩스 02-335-0397
이메일 cypressbook1@naver.com
홈페이지 www.cypressbook.co.kr
블로그 blog.naver.com/cypressbook1
포스트 post.naver.com/cypressbook1
인스타그램 @cypress_book
출판등록 2009년 11월 3일 제2010-000105호

ISBN 978-89-97125-71-5 13590

· 이 책은 저작권법에 따라 보호를 받는 저작물이므로 무단 전재 및 무단 복제를 금합니다.
· 책값은 뒤표지에 있습니다.
· 파본은 구입하신 곳에서 교환해드립니다.

이 도서의 국립중앙도서관 출판시도서목록(CIP)은 e-CIP홈페이지(http://www.nl.go.kr/
cip.php)와 국가자료공동목록시스템(http://www.nl.go.kr/kolisnet)에서 이용하실 수 있습
니다.(CIP 제어번호:2015003408)